U0395271

格致方法 · 定量研究系列　吴晓刚　主编

# Logistic 回归入门

[美] 弗雷德 · C.潘佩尔（Fred C.Pampel）著
周穆之 译　　陈伟 校

SAGE Publications ,Inc.

格致出版社 上海人民出版社

# 出版说明

由香港科技大学社会科学部吴晓刚教授主编的“格致方法·定量研究系列”丛书，精选了世界著名的SAGE出版社定量社会科学研究丛书，翻译成中文，起初集结成八册，于2011年出版。这套丛书自出版以来，受到广大读者特别是年轻一代社会科学工作者的热烈欢迎。为了给广大读者提供更多的方便和选择，该丛书经过修订和校正，于2012年以单行本的形式再次出版发行，共37本。我们衷心感谢广大读者的支持和建议。

随着与SAGE出版社合作的进一步深化，我们又从丛书中精选了三十多个品种，译成中文，以飨读者。丛书新增品种涵盖了更多的定量研究方法。我们希望本丛书单行本的继续出版能为推动国内社会科学定量研究的教学和研究作出一点贡献。

# 总序

2003年，我赴港工作，在香港科技大学社会科学部教授研究生的两门核心定量方法课程。香港科技大学社会科学部自创建以来，非常重视社会科学研究方法论的训练。我开设的第一门课"社会科学里的统计学"(Statistics for Social Science)为所有研究型硕士生和博士生的必修课，而第二门课"社会科学中的定量分析"为博士生的必修课(事实上，大部分硕士生在修完第一门课后都会继续选修第二门课)。我在讲授这两门课的时候，根据社会科学研究生的数理基础比较薄弱的特点，尽量避免复杂的数学公式推导，而用具体的例子，结合语言和图形，帮助学生理解统计的基本概念和模型。课程的重点放在如何应用定量分析模型研究社会实际问题上，即社会研究者主要为定量统计方法的"消费者"而非"生产者"。作为"消费者"，学完这些课程后，我们一方面能够读懂、欣赏和评价别人在同行评议的刊物上发表的定量研究的文章；另一方面，也能在自己的研究中运用这些成熟的方法论技术。

上述两门课的内容，尽管在线性回归模型的内容上有少量重复，但各有侧重。“社会科学里的统计学”从介绍最基本的社会研究方法论和统计学原理开始，到多元线性回归模型结束，内容涵盖了描述性统计的基本方法、统计推论的原理、假设检验、列联表分析、方差和协方差分析、简单线性回归模型、多元线性回归模型，以及线性回归模型的假设和模型诊断。“社会科学中的定量分析”则介绍在经典线性回归模型的假设不成立的情况下的一些模型和方法，将重点放在因变量为定类数据的分析模型上，包括两分类的 logistic 回归模型、多分类 logistic 回归模型、定序 logistic 回归模型、条件 logistic 回归模型、多维列联表的对数线性和对数乘积模型、有关删节数据的模型、纵贯数据的分析模型，包括追踪研究和事件史的分析方法。这些模型在社会科学研究中有着更加广泛的应用。

修读过这些课程的香港科技大学的研究生，一直鼓励和支持我将两门课的讲稿结集出版，并帮助我将原来的英文课程讲稿译成了中文。但是，由于种种原因，这两本书拖了多年还没有完成。世界著名的出版社 SAGE 的“定量社会科学研究”丛书闻名遐迩，每本书都写得通俗易懂，与我的教学理念是相通的。当格致出版社向我提出从这套丛书中精选一批翻译，以飨中文读者时，我非常支持这个想法，因为这从某种程度上弥补了我的教科书未能出版的遗憾。

翻译是一件吃力不讨好的事。不但要有对中英文两种语言的精准把握能力，还要有对实质内容有较深的理解能力，而这套丛书涵盖的又恰恰是社会科学中技术性非常强的内容，只有语言能力是远远不能胜任的。在短短的一年时间里，我们组织了来自中国内地及香港、台湾地区的二十几位研究生参与了这项工程，他们当时大部分是香港科技大学的硕士和博士研究生，受过严格的社会科学统计方法的训练，也有来自美国等地对定量研究感兴趣的博士研究生。他们是香港科技大学社会科学部博士研究生蒋勤、李骏、盛智明、叶华、张卓妮、郑冰岛，硕士研究生贺光烨、李兰、林毓玲、肖东亮、辛济云、於嘉、余珊珊，应用社会经济研究中心研究员李俊秀；香港大学教育学院博士研究生洪岩璧；北京大学社会学系博士研究生李丁、赵亮员；中国人民大学人口学系讲师巫锡炜；中国台湾"中央"研究院社会学所助理研究员林宗弘；南京师范大学心理学系副教授陈陈；美国北卡罗来纳大学教堂山分校社会学系博士候选人姜念涛；美国加州大学洛杉矶分校社会学系博士研究生宋曦；哈佛大学社会学系博士研究生郭茂灿和周韵。

参与这项工作的许多译者目前都已经毕业，大多成为中国内地以及香港、台湾等地区高校和研究机构定量社会科学方法教学和研究的骨干。不少译者反映，翻译工作本身也是他们学习相关定量方法的有效途径。鉴于此，当格致出版社和 SAGE 出版社决定在"格致方法·定量研究系列"丛书中推出另外一批新品种时，香港科技大学社会科学部的研究生仍然是主要力量。特别值得一提的是，香港科技大学应用社会经济研究中心与上海大学社会学院自 2012 年夏季开始，在上海(夏季)和广州南沙(冬季)联合举办《应用社会科学研究方法研修班》，至今已经成功举办三届。研修课程设计体现"化整为零、循序渐进、中文教学、学以致用"的方针，吸引了一大批有志于从事定量社会科学研究的博士生和青年学者。他们中的不少人也参与了翻译和校对的工作。他们在繁忙的学习和研究之余，历经近两年的时间，完成了三十多本新书的翻译任务，使得“格致方法·定量研究系列”丛书更加丰富和完善。他们是：东南大学社会学系副教授洪岩璧，香港科技大学社会科学部博士研究生贺光烨、李忠路、王佳、王彦蓉、许多多，硕士研究生范新光、缪佳、武玲蔚、臧晓露、曾东林，原硕士研究生李兰，密歇根大学社会学系博士研究生王骁，纽约大学社会学系博士研究生温芳琪，牛津大学社会学系研究生周穆之，上海大学社会学院博士研究生陈伟等。

陈伟、范新光、贺光烨、洪岩璧、李忠路、缪佳、王佳、武玲蔚、许多多、曾东林、周穆之，以及香港科技大学社会科学部硕士研究生陈佳莹，上海大学社会学院硕士研究生梁海祥还协助主编做了大量的审校工作。格致出版社编辑高璇不遗余力地推动本丛书的继续出版，并且在这个过程中表现出极大的耐心和高度的专业精神。对他们付出的劳动，我在此致以诚挚的谢意。当然，每本书因本身内容和译者的行文风格有所差异，校对未免挂一漏万，术语的标准译法方面还有很大的改进空间。我们欢迎广大读者提出建设性的批评和建议，以便再版时修订。

我们希望本丛书的持续出版，能为进一步提升国内社会科学定量教学和研究水平作出一点贡献。

吴晓刚

于香港九龙清水湾

# 目 录

# 序

用方程式估计一个二分因变量的时候，在可选择的数据分析工具中，logisitc 回归已经基本取代了普通最小二乘法(OLS)。即便是初学者也知道当 $Y$ 是一个二分变量时，OLS的结果也不会出现在最后发表的文章里。这种实践方法上的进步部分来自启发性的论文和书稿在过去 20 年来的积累。这一系列图书主要致力于教育读者。

基于有许多研究人员和专家对 logit 模型表示关注，依然有人可能会问额外的处理是否还有必要。回答是肯定的，一如我们手上这本书。对于新手来说，与普通最小二乘法相比，logistic 回归还是很难对付。所有统计软件的程序里面已经包含了 logistic 回归，执行一个 logit 程序其实很简单。可是，为什么要执行这个程序？此外，所得出的结果是什么意思？由于这些问题解释起来还是非常复杂的，任何一个尽责的教方法的老师都会给予非常认真的思量。最近刚刚上手掌握普通最小二乘法的新手需要的是一本入门性的参考书。这就是潘佩尔教授所著此书的用心所在。

第 1 章介绍了当因变量是二分变量时 logistic 回归的逻

辑。在那种情况下，普通的回归会遭遇各种问题，比如，非线性、无意义的估计、非正态、方差不齐，这些都会导致无效估计。将二分因变量转化成 logit 可以消除这些问题。潘佩尔教授解释了 logit 的概念（$Y$ 的比数取了对数）以及它的运作原理，并提供了一个非常有用的说明对数的附录（我已经发现学生们第一次接触这些时都需要复习一下对数。现在他们已经有了方便的材料）。

第 2 章涉及对结果的解释，也就是本书的正文。许多教科书在这方面都呈一片混乱的景象。中心议题就是，$X$ 的影响是什么？在 OLS 里，这是根据回归的斜率来概括的。在 logistic 回归里并不会如此直接。关键是有三个可能。首先，$X$ 上每变化一个单位，可以直接将斜率的估计解释为在 logit 上期待的改变。可是这种用法没有什么直观的意义。第二种用法就是 $X$ 上每变化一个单位，将系数转化为在比数上的变化（而非比数取了对数）。这种方法看上去绝对比第一种更有意义。第三种是用概率来描述 $X$ 带来的影响。如果 $X$ 从一个基线值增加了一个标准差，例如它的平均值增加了一个标准差，那么就可以计算出发生 $Y$ 的概率增加的量。这种解释的困难之处就在于 $X$ 必须是一系列指定好的值，而非在任何一个 $X$ 上变化一个单位都适用。这些以及其他一些解释上的困难都在本书中进行了评价。

普通回归的估计方法是最小二乘法。然而当 $Y$ 是一个二分变量时，由于本身非线性的关系，最小二乘法再也不是一个有效的估计了。因此，这里使用的是最大似然估计（MLE），作者在第 3 章里有详细的解说。尽管最终得出了很好的模型拟合，但这个领域依然有争议。第 4 章剩余部分进一步讲述了争议内容，也就是是否要用 probit 而不用 logit。在阐明了二者的相似和不同之后，本书用了一个有说服力的例子说明了 logit 更加合适。总体而言，对那些正寻找一本介绍流行的 logistic 模型书籍的研究人员来说，潘佩尔的书就是他们所需的。

迈克尔·S.刘易斯-贝克

# 前　言

我称此书为“入门”，因为它将 logistic 回归里被认为是理所当然的内容进行了清晰的阐述。有些著作假设读者对比数、对数、最大似然估计以及非线性函数已经有了相当的熟悉，因而对概念的解释很抽象。另外的一些著作跳过了 logistic 回归逐步推理的逻辑框架而直接给了例子和对实际系数的解释。因此，学生有时就无法理解 logistic 回归背后的逻辑。这本书就是用基本的语言和最简单的例子来介绍这个逻辑。

第 1 章在简要介绍了用线性回归分析二分因变量所带来的问题后，提供了一个非技术的解释，然后更细致地介绍了 logit 转换。第 2 章介绍了核心内容——logistic 回归系数的解释。第 3 章涉及最大似然估计的含义以及 logistic 回归中模型的解释力。第 4 章回顾了 probit 分析，这是一个类似 logistic 回归的分析二分因变量的方法。第 5 章简要介绍了 logistic 回归的原理如何应用于三个或者更多个名义因变量的分析。因为 logistic 回归的基本逻辑同样适用于最后一章的延伸，后面的章节没有再如第 1 章到第 3 章一般对 logistic

回归给予那么深入细致的讨论。最后,附录回顾了对数的含义,也许能够帮助一些学生来理解对数在 logistic 回归以及普通回归中的应用。

# 第1章

# Logistic 回归的逻辑

许多社会现象本质上是离散的或定性的，而不是连续的或定量的，比如某个事件是否发生、个人做出某种而非另一种选择、个人或集体由一种状态到另一种状态。人们会经历生产、去世、迁移（国内和国际）、结婚、离婚、加入或者退出就业市场、领取社会福利、收入跌破贫困线、投票给某候选人、支持或者反对某议题、犯罪、遭到逮捕、辍学、上大学、参加某个组织、生病、皈依某种宗教等情况，或者其他涉及某种特性、事件或者选择的情况。同样，大型社会机构，如社团、组织或者国家也会经历成立、分裂、消失等情形，或者由一个阶段过渡到另外一个阶段。

二分离散现象通常采取二分指示或者虚拟变量的形式。尽管这两个值可以用任何数字代表，但用 0 和 1 来代表有其优势。1 表示该事件发生，它所占的比例其实就是虚拟变量的均值，也可以用概率来阐述。

# 第 1 节｜对虚拟因变量进行回归

表面上看，多重回归也可以分析一个值为 0 和 1 的二分因变量。回归系数针对虚拟因变量的解释是有意义的——自变量每变化一个单位，回归系数可以解释为有某种特性或经历某事件的概率的升高或者降低，即它们显示了自变量每变化一个单位，预测到因变量值为 1 的受访者所占的比例。研究人员在熟悉了比例和概率之后，就会对这样的解释得心应手。

因变量只能取 0 和 1，但通过回归预测的值是控制了自变量后得出的平均比例或者概率。预测值或者条件平均数越高，自变量上取特定分数的人就更可能具有某种特性或者经历过某个事件。线性回归的假设就是，条件比例或概率与 $X$ 值的关系呈一条直线。

举一个简单的例子，全国民意调查机构（NORC）在 1994 年的综合社会调查（GSS）中让受访者回答他们是否吸烟。将吸烟者记为 1 而非吸烟者记为 0 从而创造了一个虚拟因变量。因变量吸烟（$S$）用教育年限（$E$）和虚拟变量性别（$G$）（女性记为 1）的函数来表示，在回归方程中表示为：

$$S = 0.661 - 0.029 * E + 0.004 * G$$

教育的回归系数表示教育每增长 1 年，吸烟的概率下降了 0.029，或者说吸烟的百分比下降了 2.9。没有接受过教育的男性受访者吸烟的预测概率是 0.661（截距）。一个接受了 10 年教育的男性受访者吸烟的预测概率是 0.371（0.661 － 0.029 * 10）。也可以说这个模型预测了接受 10 年教育的男性受访者中有 37％的人吸烟。虚拟变量的系数表示女性吸烟的概率比男性高 0.004。在没有受过教育的条件下，预测到女性吸烟的概率是 0.665（0.661 ＋ 0.004）。

尽管有一个虚拟变量做因变量，回归系数的解释并不复杂，但这样的回归估计面临两个问题。一种问题的本质是概念性的，另一种问题的本质是统计性的。在用普通线性回归来处理定性的因变量时，这两个问题已经严重到需要我们寻求其他方式来处理定性的因变量。

## 函数形式的问题

概念性的问题来自在含有虚拟因变量的线性回归中，概率的最大值本应该是 1，最小值本应该是 0。根据定义，概率以及概率的比例不应该超过 1 或者小于 0。可是，在线性回归中，当自变量无限增加时，它可以向上限趋向于正无穷；当自变量无限减少时，线性回归可以向下限趋向于负无穷。根据斜率和观察到的 $X$ 值，线性回归模型可以让因变量的预测值超过 1 或者小于 0。这样的值是没有意义的，而且基本没有预测的价值。

几张图可以说明这个问题。如图 1.1(a)所示，两个连续变量正常的散点图呈现云状。一条穿过这些点中间的直线

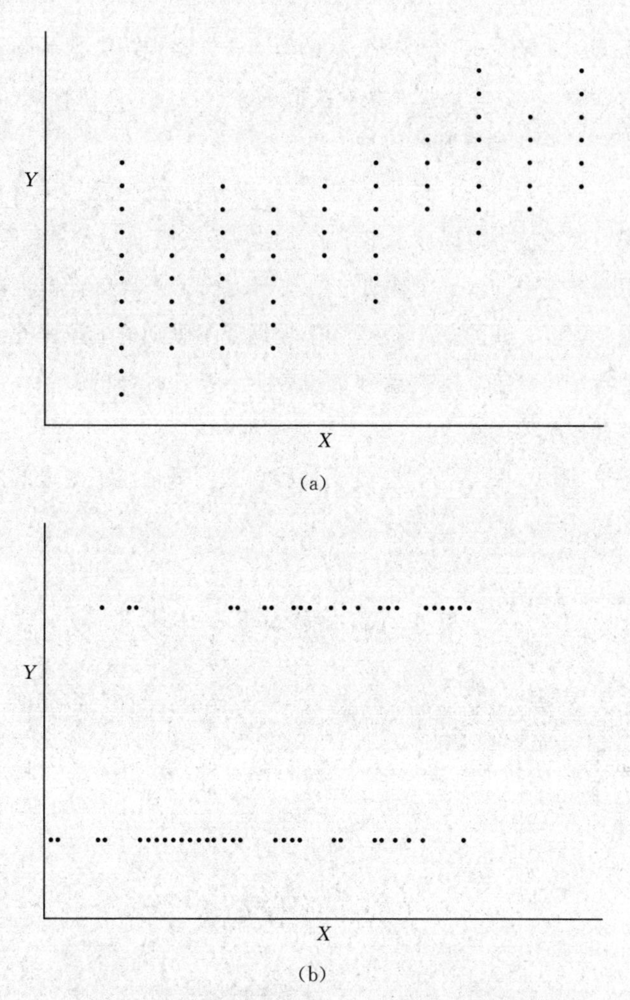


**图 1.1(a)　散点图,连续变量　(b)　散点图,虚拟因变量**

能使得方差的和最小。而且,至少从理论上来说,当 $X$ 向更高或者更低的值延续时,$Y$ 也如此。同一条直线在 $X$ 值较大时可以预测对应的 $Y$ 值,也可以在 $X$ 值中等或者较小时预测对应的 $Y$ 值。然而,一个虚拟变量产生的散点图,如图

1.1(b),并不是一些呈现云状的散点。它呈现两个平行图样的点集。在这里虚拟一条直线似乎并不合适。任何直线(除了斜率为0)最终都会超过1也会小于0。

在这两个平行的点集里,有些部分包含的点更多,有些图形处理技巧可以显示出个案在这两条线周围的分布密度。每个样本中加入一个随机的抖动(jittering)可以降低散点的重合程度。如图1.2所示,一个吸烟或不吸烟的虚拟因变量随着受教育年限的抖动分布图表明了某种轻微的关系。与教育程度较低的人比,受教育程度较高的人似乎不太吸烟。不过,图1.2依然与那些自变量和因变量都是连续变量的图不同。

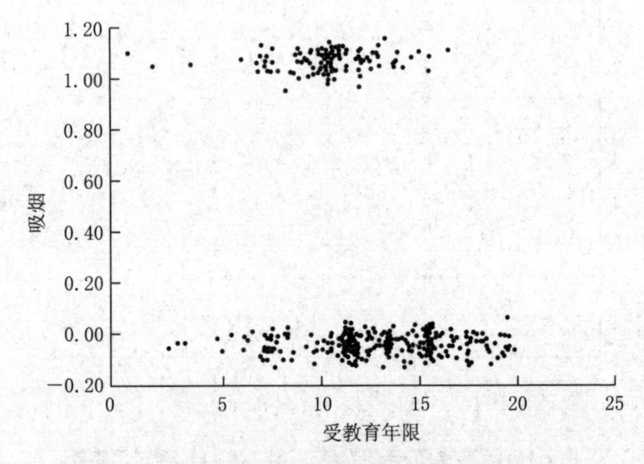


**图1.2 二分因变量吸烟或不吸烟经过抖动处理的散点图(对应受教育年限)**

预测概率小于0或大于1的风险,随着虚拟因变偏度的增加而增加,也取决于自变量的取值范围。随着约50∶50的拆分,预测值会向着概率分布的中心下降。在上一个吸烟的例子里，最低的预测值0.081对应着男性受教育20年的情况；最高的预测值0.665对应着女性没有接受过教育的情况。在GSS中，受访者被问到他们是否属于某种致力于环境保护或者保育的组织，从而获得了一种偏度更大的因变量。10%回答“是”的标为1，余下的标为0，对教育和性别的回归等式是：

$$B = -0.024 + 0.008 * E - 0.006 * G$$

截距表示的是在男性没有接受过教育的情况下，一个吸烟可能性低于0的无意义的预测值。虽然这个问题通常都会存在，但在这个特定的模型里，依赖线性的假设可以说尤其不合适。[1]

其中一种处理这个超过概率范围问题的方法是假设任何大于或者等于1的值都用1来代替。回归直线就会一直到最大值都呈现一种直线状态，但超过1之后$X$的改变对因变量就不会有影响了。同样，对于很小的$X$值，也会限制在0为最低值。通过指明在某些情况下$X$对$Y$的影响立刻变为0，这样一个图形就可以定义相关联系的不连续性，请参考图1.3(a)。

然而，跟这种把线性关系切除的方法相比，另外一种表示这种关系的函数形式也许在理论上更加合理。加上一个上限和一个下限，自变量在靠近这两端时的变化所带来的对预测值的影响似乎比它在中央的时候更小。靠近中央时，这条非线性的曲线也许更接近线性关系，然而这种线性关系并不会向上或者向下无限延伸，它在接近0和1的时候缓慢平滑地弯曲。当这个曲线更加接近0和1的时候，与自变量在中央变化相比，变量需要更大的变化幅度才能对因变量带来同样的影响。为了使得经历某事件概率产生由 0.95 到 0.96 的变化，$X$ 值需要变得更大才能达到 $X$ 更接近中央时让这种概率由 0.45 变化至 0.46 的水平。基本原理是相同的额外变化在接近上限或下限上会对结果有较小的影响，因此，在上限或下限附近，只有依靠更大的变化才能产生同样的影响。

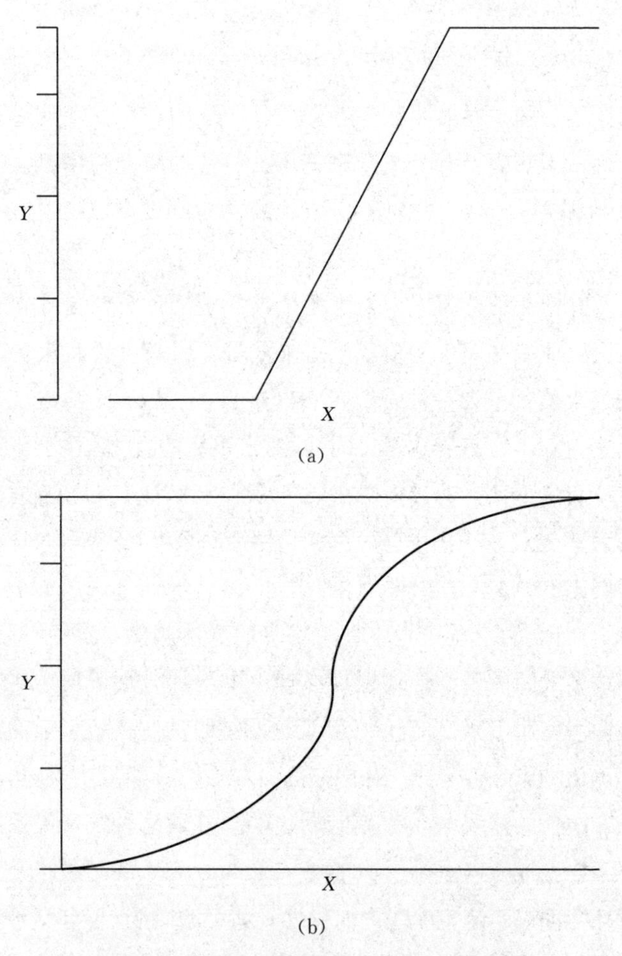


**图 1.3(a) 删节了的线性关系 (b) S 形曲线**

有些例子说明了这种非线性的关系。如果收入增长带动了拥有房屋的可能性，同样是收入增加1万美元，收入由4万美元增长到5万美元所带来的拥有房屋的可能性增长是超过收入从20万美元增加到21万美元的。毫无疑问，更多比例的高收入人群都已经拥有房屋了，仅仅是收入增加1万美元基本不会使一个本来已经较高的房屋所有率增长。同样，对于收入从0增加到1万美元的人来说，由于无收入和区区1万美元都不可能买到房屋，这类收入增加也不会对房屋所有权产生很大影响。然而，在中等收入水平上，增加的1万美元可以将有能力购买房屋和没有能力购买房屋区分开来。

同理，对于结婚的可能性来说，相对一些年龄很小或者年龄偏大的人来说，年龄每增加1岁对于二十多岁的年轻人有更明显的影响。基本没有人会在15岁前还没结婚而在16岁时就会结婚了，也很少有人超过50岁了依然未婚突然就在51岁结婚。可是，如果年龄是从21岁增加到22岁，就会使得结婚的可能性大幅增长。同样的推理适用于许多其他的例子：失足同伴的数目对青少年犯有严重罪行可能性的影响，妇女工作时间对生孩子的影响，政党认同度对政党候选人的支持的影响，饮酒习惯对过早死亡的影响，都是在自变量的中端而不是两个极端会产生更大影响。

一个更加恰当的非线性关系如图1.3(b)所示，弧线在接近1这个上限和0这个下限的时候逐渐平滑。可以将这条弧线看做一些连续的直线，每条直线的斜率不同。接近上限和下限的直线的斜率比在中间的直线的斜率小。然而，一个平稳变化的曲线能够更加顺畅并且更加充分地表示出这种关系。从概念上来讲，S形曲线比直线更有意义。

在样本范围内，将曲线上切线的斜率取均值，线性回归直线可用来模拟曲线关系。然而，由于这种线性关系的表达，实际上因变量和自变量的关系在中端是被低估了的，在极端是被高估了的(除非自变量的取值范围仅仅在曲线近似于直线的区域)。图 1.4 比较了 S形曲线和直线，二者的间隔说明了这种错误估计的性质，也指明了线性回归表达方式存在潜在的不准确性。

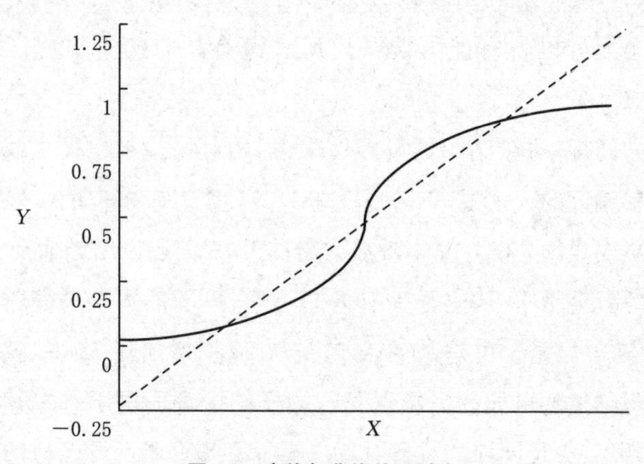


**图 1.4 直线与曲线关系对比**

除了二分因变量的回归模型不是线性之外，上限和下限的设计也带来了另外一个概念性的问题。回归通常假设了一个相加性，也就是说独立于其他自变量，其中每一个自变量对因变量的影响应该是一样的。模型可以包括一些选择性的乘积项来解释非相加的关系，但是一个二分的因变量很可能破坏这种对于所有自变量的组合都是相加性的假设。如果一个自变量的值到了一个非常高的程度，足以让因变量的概率接近1(或接近0),那么其他自变量就不会再有太大的影响力了。因此,由于上限和下限,所有的自变量能够带来的影响本身就无法是相加的和可以互相作用的。

让我们回到吸烟的例子,这些接受了20年教育的人吸烟的可能性已经低到使性别差异非常之小;换句话说,对于受到很高教育的人群来说,性别对于吸烟已经基本没法产生影响了。与之相反,巨大的性别差异只有在受教育程度较低并且吸烟的概率更高的时候能够显现。尽管性别对吸烟的影响随着受教育程度的变化而变化,但相加性的回归模型错误地假设了不管受教育的程度如何,性别对吸烟的影响是一模一样的(同样,教育对吸烟的影响在两性之间也是一样的)。

## 统计推断的问题

即使在某些情况下,一条直线可以模拟非直线的关系,但有些问题依然存在,尽管预测值没有偏差,也令它们的效率下降了。这些问题涉及某个虚拟因变量的回归违背了正态性和同方差性的假设。这两个问题都是由于因变量上面只有两个观测值。线性回归假设在总体中围绕预测的$Y$值的误差成正态分布且不与$X$值相关,并且对于每一个$X$值来说,误差的离散程度是一样的。以上假设暗示了误差的正态性和离散分布的相似性。

然而,在一个虚拟变量中,对应着每一个$X$,只有两个$Y$值和两个残差值。对任何值$X_i$,预测的概率等于$b_0+b_1X_i$。因此,残差值为:

$$1-(b_0+b_1X_i)\text{（当 }Y_i\text{ 等于 1 时）}$$
$$0-(b_0+b_1X_i)\text{（当 }Y_i\text{ 等于 0 时）}$$

就算在总体中，当分布只有两个值的时候，对于任何 $X$ 值来说，误差的分布也不是正态分布。

因为回归的误差项随着 $X$ 值的变化而变化[2]，其违反了同方差性或者说是方差相等的假设。用图形来说明这一点，请参考图 1.1(b)，画出了 $X$ 和一个虚拟因变量之间的关系。图中加入一条由左下到右上的直线就能够定义残差就是点到直线的垂直距离。接近 $X$ 的最低和最高极限时，直线也接近于下限 0 和上限 1，残差相对来说很小。接近于 $X$ 中间的值时，直线在距下限和上限之间相等距离时，残差相对来说比较大。结果就是，误差的方差不是恒定的。

正态性在样本量很大的时候基本不会带来太大问题，异方差却有更加严重的影响。样本预测的总体回归系数是无偏误的，但它们不会再有最小方差，并且样本估计的标准误是有偏差的。因此，就算样本量很大，在异方差的情况下计算出的标准误也是不正确的，显著性检验也因此无效。从技术上来说，测量最小平方估值可以处理这个问题，但更重要的是，概念上非线性和非相加性的问题无法得到处理。对于虚拟因变量使用线性回归也因此是不恰当的。

# 第2节 | 把概率转换成 Logits

线性回归在处理有下限和上限的因变量时面临着一个问题:$X$ 上同样的变化对 $Y$ 产生的影响不同,这个影响取决于对应着任何 $X$ 值的曲线究竟有多接近 $Y$ 的最大值和最小值。我们需要转化因变量,使得估计的 $Y$ 值在接近上限和下限时,$X$ 对 $Y$ 的影响变小。换句话说,我们需要排除上限和下限的固有概率。

尽管许多非线性的函数可以呈现S形曲线,但由于 logistic 或者 logit 转化比较简易,它们更受欢迎。为了说明 logit 转化,假设每一个事例都具有某种特性或者经历某个事件的概率,设为 $P_i$。因为因变量只有0和1两个值,$P_i$ 肯定是估计的,但现在这有助于将结果转变为概率的形式。给定这个概率,logit 转化涉及两步。首先,取 $P_i$ 与 $1-P_i$ 之比,或称"经历事件的比数"。之后,取这个比数的自然对数。logit 于是就等于

$$L_i = \ln[P_i/(1-P_i)]$$

或者简称为"比数对数"。

例如,如果对于第一个实例,$P_i$ 等于0.2,那它的比数就是0.25或者0.2/0.8,它的自然对数等于−1.386,也就是比数

的自然对数。如果对于第二个实例，$P_i$ 等于0.7，它的比数就是 2.33 或者 0.7/0.3，它的对数等于 0.847。如果在第三个实例中，$P_i$ 等于 0.9，它的比数就是 9 或者0.9/0.1，它的对数就是 2.197。尽管把概率转化成对数的计算非常直接，它仍需要一些解释来显示它的作用。结果就是，它描述了自变量和一个由虚拟因变量定义的概率分布之间的关系。

## 比数的含义

从将概率转换成比数开始，logit 转换就开始了。概率在 0 和 1 之间变动，将某事件的可能性表达为发生和不发生的比例。比数表示的就是相对于不发生的可能性而言发生的可能性。概率和比数的下限都为 0，随着增大的正数，二者都表达了增加的可能性，但二者是不同的。

与概率不一样，比数没有上限。在概率接近 1 的时候，比数的分子比分母大，比数就可以一直变大。因此在概率变化略接近 1 时，比数都会有巨大的增加。例如，概率是 0.99，0.999，0.999 9，0.999 99，对应的比数就是 99，999，9 999，99 999。概率上的微小变化意味着比数上的巨大变化，可以看出，在概率无限趋近 1 的时候，比数趋向于正无穷。

为了说明概率和比数的关系，让我们来看看以下的值：

| $P_i$ | 0.01 | 0.1 | 0.2 | 0.3 | 0.4 | 0.5 | 0.6 | 0.7 | 0.8 | 0.9 | 0.99 |
|---|---|---|---|---|---|---|---|---|---|---|---|
| $1-P_i$ | 0.99 | 0.9 | 0.8 | 0.7 | 0.6 | 0.5 | 0.4 | 0.3 | 0.2 | 0.1 | 0.01 |
| 比数 | 0.01 | 0.111 | 0.25 | 0.429 | 0.667 | 1 | 1.5 | 2.33 | 4 | 9 | 99 |

请注意，当概率等于 0.5 的时候，比数等于 1 或者说是等分

的。在概率增加到接近1的时候，比数也不会有概率那样的上限。然而，当概率减少接近0时，比数依然向0靠近。与之前的限制相比，这样的转化至少在一端可以让线性延伸下去。

变化一下比数的公式可以让我们对比数和概率的关系有更深入的了解。先把比数($O_i$)定义为概率和1减去概率的比值，我们可以利用简单的代数让比数表示概率：

$$P_i/(1-P_i)=O_i \text{ 也就是 } P_i=O_i/(1+O_i)$$

概率等于比数除以1加比数。[3]

根据这个公式，概率是永远也不会等于或者超过1的：无论比数在分子上变得多大，它们也会比分母小。当然，在比数变大时，比数和比数加1的差距也会变小并且概率会接近(但不会达到)1。概率永远也不会小于0。只要比数等于或者超过0，概率一定就会等于或超过0。比数在分子上变得越小，1相对来说在分母就越大。比数越接近0，概率就越接近0。

通常，比数用一个数来表达，明确地说是一个对应1的比。因此，比数为10表示的是某个事件发生的概率是不发生的概率的10倍。因为一个数可以是分数，没有必要使分子、分母都保持整数。7∶3的比数用一个数字来表示也就是2.33(比1)。因此，比数甚至会是1(发生1次对应着没有发生1次)。比数小于1意味着事件更加不可能发生。如果概率是0.3，比数就是0.3/0.7，也就是0.429，也就是说相对某事件不发生1次，它发生的次数是0.429，也可以表示为每100次的未发生对应着仅仅42.9次的发生。

表达成单个数字，任何比数都可以与其他比数相比。比数为9∶1就比比数为3要高。比数为3是比数为9的1/3。比数为0.429就是比数为1的0.429，或者说是比数为0.858的一半。在上文的每一个例子当中，一个比数可以被另外一个比数的倍数来表示。

将两个比数相比变成一个比例通常有其作用。比数为8和2的比是4，也就是说，前一组的比数是后一组比数的四倍（或者400%）。如果比数之比低于1，那么第一组的比数就小于第二组的比数。一个0.5的比数之比也就说明第一组的比数仅仅是第二组比数的一半或50%。比数之比越接近于0，第一组的比数相比第二组的比数就越低。比数比是1说明两组的比数是一样大小。最后，如果比数比大于1，第一组的比数就比第二组的比数要高。比数比越大，第一组的比数就比第二组高出越多。

为了防止混淆，请注意比数和比数比的不同。比数是指概率之比，而比数比是指比数之比（或者说是概率之比的比）。根据1994年的综合社会调查，29.5%的男性和13.1%的女性拥有一把枪，因为男性持枪的比数是0.418（0.295∶0.705），也就说明相对10个没有持枪的男性，有4个男性持枪。女性的持枪比数是0.151，或者说相对10个没有持枪的女性，有1.5个女性持枪。男性和女性持枪的比数比是0.418∶0.151或2.77，也就是说男性持枪的比数基本上是女性持枪比数的三倍。

简言之，依赖比数而非概率可以得到对事件发生可能的有意义的解释，并去除了上限的限制。在之后解释系数的时候，比数更会体现出它的作用。但目前请记住，我们创造出比数只是logit转化的第一步。

## 比数的对数形式

取比数的自然对数可以去除比数的下限0,就像把概率转化成比数去除了上限1一样。取以下比数的自然对数:

若比数大于0但是小于1,产生了负数;
若比数等于1,产生了0;
若比数大于1,产生了正数。

(等于或者小于0的对数不存在。请参考附录对对数的概念和性质的介绍)。

logit的第一个特性,与概率不同,就是它没有上下限。比数去除了概率的上限,比数的对数去除了概率的下限。为了明确这一点,假设概率$P_i=1$, logit无法定义,因为比数1/0不存在。在概率越来越接近1的时候,logit越来越接近正无穷大。如果概率$P_i=0$, logit也是无法定义的,因为比数的对数0/1或者0不存在。在概率越来越接近0的时候,logit无限趋近于负无穷。因此,logit在负无穷和正无穷之间变化。概率所存在的上下限问题(或者比数上的下限问题)经过转化后消失了。

logit转化的第二个特性就是它是以0.5为中点对称的。概率$P_i=0.5$时,logit是0(0.5∶0.5=1, 1的对数为0)。概率小于0.5会产生负的logits,因为比数大于0小于1。$P_i$比$1-P_i$小,因此产生一个分数,分数的对数是负数(参见附录)。概率大于 0.5 产生正的 logits,因为比数超过 1($P_i$ 比 $1-P_i$ 大)。引申开来,概率距离 0.5 左右一样的距离(比方说 0.6 和 0.4, 0.7 和 0.3, 0.8 和 0.2)能得出一样的 logits,但是正负号不一样(比方说刚才列出的概率的 logits 依次是 0.405 和−0.405, 0.847 和−0.847, 1.386 和−1.386)。logit 距离 0 的距离反映了概率距离 0.5 的距离(请再一次注意,logits 没有上下限,与概率不同)。

第三个特性就是概率上相同的改变与在 logits 产生的改变是不同的。简单的原则就是概率 $P_i$ 越接近于 0 或者 1,概率上同样的改变会转化为比数的对数的一个更大的改变。你可以从以下例子中看出:

| $P_i$ | 0.1 | 0.2 | 0.3 | 0.4 | 0.5 | 0.6 | 0.7 | 0.8 | 0.9 |
|---|---|---|---|---|---|---|---|---|---|
| $1-P_i$ | 0.9 | 0.8 | 0.7 | 0.6 | 0.5 | 0.4 | 0.3 | 0.2 | 0.1 |
| 比数 | 0.111 | 0.25 | 0.429 | 0.667 | 1 | 1.5 | 2.33 | 4 | 9 |
| logit | −2.20 | −1.39 | −0.847 | −0.405 | 0 | 0.405 | 0.847 | 1.39 | 2.20 |

概率由 0.5 变为 0.6 产生的 0.1 的改变(或者由 0.5 变为 0.4)导致了 logit 上 0.405 的变化,同时概率上由 0.8 到 0.9 产生的 0.1 的改变(或者由 0.2 变为 0.1)导致了 logit 上 0.810 的变化。概率上同样的改变导致的 logit 上的改变在极端是在中点的两倍。再次强调,通常的原则是在概率接近两个界限 0 和 1 时,概率上很小的改变会导致 logit 上逐渐增大的改变。

## 第 3 节 | 非线性的线性化

把 logit 转化看做一个线性化 $X$ 和 $Y$ 的概率之间固有的非线性关系的过程也有所帮助。在 $X$ 接近下限和上限的时候与 $X$ 在中点相比，$X$ 上同样的改变，对 $Y$ 的概率会产生较小的影响。因为相对于 $Y$ 的概率在中点的值来说，logit 扩展或者延伸了 $Y$ 的概率在极限的值，$X$ 上同样的改变会在整个 $Y$ 的概率转化成的 logit 的范围中产生相似的效果。换句话说，没有了上限或者下限，logit 相对于 $X$ 上的改变可以说是线性相关的。现在，我们可以计算 $X$ 和 logit 转换之间的线性关系。logit 转换拉直了 $X$ 和最初的概率之间的非线性关系。

反言之，$X$ 和 logit 之间的线性关系意味着 $X$ 和最初的概率的关系是非线性的。相较于 logit 在中间位置的 1 个单位的改变来说，其在较高或较低的水平上 1 个单位的改变会导致概率上较小的改变。就像我们把概率转化为 logit，我们也可以把 logit 转化为概率(转化公式马上介绍)。

| logit | −3 | −2 | −1 | 0 | 1 | 2 | 3 |
|---|---|---|---|---|---|---|---|
| $P_i$ | 0.047 | 0.119 | 0.269 | 0.500 | 0.731 | 0.881 | 0.953 |
| 改变 | — | 0.072 | 0.150 | 0.231 | 0.231 | 0.150 | 0.072 |

相比 logit 在极限附近变化对概率带来的改变，logit 上每一

个单位的改变在中点上能带来概率上更大的改变。换句话说，logit 与概率的线性关系定义了一个理论上有意义的与概率的非线性关系。

## 从 Logits 得出概率

自变量和 logit 因变量之间的线性关系意味着与概率的非线性关系。$X$ 的线性关系所预测的 logit 表现为：

$$\ln(P_i/1-P_i)=b_0+b_1X_i$$

为了表达与 $X$ 相关的是概率而非 logit，首先让两边取指数。因为一个数的对数的指数就是这个数自己（$\ln X$ 的指数就是 $X$），这样就移除了等式左边的对数：

$$P_i/1-P_i=e^{b_0+b_1X_i}=e^{b_0}*e^{b_1X_i}$$

进一步，这个等式可以用一个相乘的式子来表示，因为 $e$ 的 $X+Y$ 次方等于 $e$ 的 $X$ 次方乘以 $e$ 的 $Y$ 次方。因此，比数的改变其实是一个系数的指数函数。

解出来 $P_i$ 的式子是[4]：

$$P_i=(e^{b_0+b_1X_i})/(1+e^{b_0+b_1X_i})$$

因为 logit $L_i$ 等于 $b_0+b_1X_i$，我们可以把 $L_i$ 代入上文等式，请注意，$L_i$ 是用 $X_i$ 值以及系数 $b_0$ 和 $b_1$ 预测的比数的对数。代入后，

$$P_i=e^{L_i}/(1+e^{L_i})$$

在这个等式中，概率等于 logit 指数除以 1 加上 logit 指数之比。给定 $e^{L_i}$ 能够得出比数，这个等式对应了早期我们展示

出的 $P_i = O_i/(1+O_i)$。

这样一个由 logits 向 logits 指数，再向概率的转变展现出：

| $L$ | −4.61 | −2.30 | −1.61 | −0.223 | 0 | 1.61 | 2.30 | 4.61 | 6.91 |
|---|---|---|---|---|---|---|---|---|---|
| $e^L$ | 0.01 | 0.1 | 0.2 | 0.8 | 1 | 5 | 10 | 100 | 1 000 |
| $1+e^L$ | 1.01 | 1.1 | 1.2 | 1.8 | 2 | 6 | 11 | 101 | 1 001 |
| $P$ | 0.010 | 0.091 | 0.167 | 0.444 | 0.5 | 0.833 | 0.909 | 0.990 | 0.999 |

首先请注意负的 logits，它作为 $e$ 的指数的结果介于 0 和 1 之间，正的 logits 作为 $e$ 的指数的结果超过 1。同时请注意，指数函数与指数函数加 1 的比 $\left(e^L/(1+e^L)\right)$ 总是小于 1 的——分母总是比分子大 1。然而，在指数变大的时候，分子和分母之间的差距减小（换句话说，分母上额外多出的 1 随着分子上值的增加，相较而言逐渐变小）。并且，这个比是永远不可能小于 0 的，因为正数和负数作为指数的值总是正的，而且两个正数之比总是正的。给定了概率的界限，这个例子展现出 $L$ 越大，$e^L$ 就越大，$P$ 也就越大。

这样的转化也展示出了非线性的特征。$X$ 上每变化一个单位，$L$ 是连续性地变化的，但是 $P$ 并不是。$P_i$ 公式里面的指数令它们之间的关系是非线性的。用一个例子来说明。如果 $L_i = 2 + 0.3X_i$，不考虑 $X$ 的水平，$X$ 上每一个单位的变化会导致比数的对数变化 0.3。如果 $X$ 从 1 变到 2，$L$ 会从 $2+0.3$ 或 2.3 变至 $2+0.3*2$ 或者 2.6。如果 $X$ 从 11 变到 12，$L$ 会从 5.3 变至 5.6。在两个案例中，$L$ 的变化都是相同的。这定义了线性关系。

给出同样的 $X$ 值以及由 $X$ 所得出的 $L$ 值，留心它们对概率造成的改变：

| $X$ | 1 | 2 | 11 | 12 |
|---|---|---|---|---|
| $L$ | 2.30 | 2.60 | 5.30 | 5.60 |
| $e^L$ | 9.97 | 13.46 | 200.3 | 270.4 |
| $1+e^L$ | 10.97 | 14.46 | 201.3 | 271.4 |
| $P$ | 0.909 | 0.931 | 0.995 | 0.996 |
| 改变 | | 0.022 | | 0.001 |

因此,当 $X$ 在较低的水平时(比如说从 1 变到 2),$X$ 上每一个单位的变化所带来的 $L$ 值上同样的变化会对概率 $P$ 带来较大的改变。这在概率分布的另一端也是一样的。

logit 和概率之间的非线性关系引起了一个解释上的问题。我们可以总结 $X$ 在 logit 上造成的影响是一个单一的线性关系,但是在解释概率的时候,我们不能这么说。$X$ 在概率上造成的影响与 $X$ 值的大小和概率的水平有关。这种 $X$ 和 $P$ 之间关系的复杂性需要我们另起一章来介绍 logistic 回归系数的含义。然而,在彻底理解了 logit 转化的逻辑之后,再处理这些解释上的问题会容易得多。

## 另一个可选的公式

为了方便计算,概率的公式作为一个自变量和系数的函数,可以用一种更简单却没那么直接的公式来表达:

$$P_i = e^{b_0+b_1X_i}/(1+e^{b_0+b_1X_i})$$

$$P_i = 1/(1+e^{-(b_0+b_1X_i)})$$

$$P_i = 1/(1+e^{-L_i})$$

在这个公式中,你需要把 logit 变成负的之后取指数。概率等于 1 除以 1 加上负的 logit 的指数。这个结果和另外一个公式所表达的是完全一样的。[5]

任一个公式都能够把 logits 转换成用概率来表示。如果 logit 等于－2.302，那我们一定会得出 $P = e^{-2.302}/1 + e^{-2.302}$ 或者 $1/1 + e^{-(-2.302)}$。－2.302 的指数约为 0.1，－2.302 的指数或者 2.302 的指数等于 9.994。因此，概率等于 0.1/1.1 或者 0.091，或者用另外一个公式计算得出 1/1＋9.994 或者0.091。同样的计算可以代入其他任何 logit 值来得出概率的值。

## 第 4 节 | 小结

这一章回顾了 logit 是如何让一系列含固有非线性关系的因变量和自变量转化成一个线性的因变量和自变量的关系。[6] logistic 回归模型(有时也称做 logit 模型)因此估计了决定比数的对数的线性因素或者与概率相关的非线性决定因素。得出这样的估计涉及后面章节会提到的一些复杂情形。然而同时,作为一种对一个因变量的回归,它成功地将一种非线性的关系转换成线性关系,帮助我们用一种简单的形式看待 logistic 回归。

在线性化这一非线性关系时,在 logistic 回归中也需要对系数的解释作出调整。解释系数不是直接描述概率改变,而是变成了不太直接的与比数的对数的改变有关。然而,尽管失去了部分 logistic 系数的直观解释,它的简明性却大大增加:与比数对数的线性关系可以用单个系数来概括,但与概率的非线性关系是无法如此简明地概括出来的。为了解释 logistic 回归系数值,得作出一些努力,也就引出了下一章的主题。

# 第2章

# 解释 Logistic 回归系数

logistic 回归把因变量转化成了比数对数后从而进行回归，简化了预测的问题，有利于描述整个步骤背后的逻辑。然而，对于更常见的非线性所做的转化来说，自变量在 logistic 回归中造成的影响有许多解释。这些影响存在于概率、比数、比数对数中，并且对每一种影响的解释都有其优缺点。

先来预习一下，自变量在比数的对数上造成的影响是线性的并且可加的——不用考虑 $X$ 的水平或者其他自变量的水平，每一个自变量 $X$ 对比数对数都会有同样的影响——但是从因变量单位的角度来说，比数对数基本没有很直观的意义。自变量对概率的影响才有直观意义，却又是非线性的并且不可加的——每一个自变量 $X$ 在不同的水平下，甚至结合了其他自变量的不同水平，对概率产生的影响都各有不同。除了难以找出一个可解释的单位，对概率做出的影响也无法根据单个系数来简单概括。

在前两个方案中，解释自变量对比数的影响在此做出了一个让步。比数较比数的对数而言更加直观，而且它的影响也可以用单个系数来表示。对比数造成的影响是倍数的而非相加的，但还是比较直接。其他用来解释自变量影响的方法也存在。在解释样本的结果时，系数与标准误之比明显是很重要的。同时，各种用来标准化自变量系数的尝试以及比较它们的相对大小也是有益的。

这一章检验了每一种用来解释 logistic 回归结果的方法。另外，在有连续变量和虚拟自变量的情况下进行解释时，个中的不同也会进行比较。

# 第 1 节 | 比数的对数

第一种解释方法直接使用了从 logistic 回归得出的系数。logistic 回归系数简单表示自变量每变化一个单位，预测的发生某事件或者具有某种特征的比数对数的改变。除了因变量的单位代表的是比数对数，系数的解释和普通回归中系数的解释是完全一样的。例如，布朗(Browne，1997：246)使用 logistic 回归来预测在 1989 年，922 位年龄介于 18 至 54 岁之间的女性户主的劳动力参与情况。雇佣年限的 logistic 回归系数 0.13 表示雇佣年限每增加一年，目前劳动力参与率比数的对数会增加 0.13。

对于虚拟变量，一个单位的改变明确比较了标示组与参照组(或称忽略组)。布朗使用了虚拟变量来比较高中辍学人员和高中毕业人员与接受过大学教育的女性(参照组)这三组之间的劳动力参与情况。这两个虚拟变量的系数－1.29 和－0.68 说明相比接受过大学教育的女性，高中辍学女性劳动力参与的比数的对数低了 1.29，高中毕业的女性劳动力参与的比数对数低了 0.68。除了因变量的度量之外，这与在普通回归中虚拟变量作为自变量的解释没有什么不同。

和在普通回归中一样，用单个系数就代表了两个变量之间的关系。不用考虑 $X$ 的值——小、中或者大——或者其他自变量的值，自变量每一个单位的改变对因变量产生的影响都是一样的。根据这样的模型，在有一年工作经验的女性和有两年工作经验的女性之间以及在有 21 年工作经验的女性和有 22 年工作经验的女性之间，劳动力参与的比数对数的差距都是一样的。同理，雇佣年限并不会对三组女性——高中辍学女性、只有高中文凭的女性和接受过大学教育的女性——带来不同的影响。一个人所要做的就是直接使用得出来的系数就可以了。的确，logistic 回归就是为了简化由于因变量是概率所带来的固有的非线性和不可加性的关系。

请注意，logistic 回归和线性回归一样，可以包括代表交互性关系的乘积项以及非线性关系的多项式。在 logistic 回归中，除了因变量的单位用比数对数来表示之外，乘积项和平方项的解释基本与线性回归中一样。logistic 回归中已经包含自变量和概率之间的非线性和不可加性的关系，但依然可以继续包括自变量与比数对数之间的非线性和不可加性的关系（DeMaris，1992）。

尽管在解释方面很简单，但就像前文提到的一样，logistic 回归系数缺乏一个有意义的度量。所谓的自变量对比数对数的产生的影响揭示不出什么有意义的关系，也很难去解释一个实质性的结果。研究者需要一些能够解释实质性的意义或者系数重要性的方法，而非仅仅报告所期待的比数对数的变化。

# 第 2 节 | 比数

第二种解释将 logistic 回归系数进行转化,使得自变量影响的是比数而非比数对数。为了找到对比数的影响,把 logistic 回归系数取指数或者反对数就可以了。在之后的两个自变量的模型中,logistic 回归等式的两边都取指数,这就去除了比数的对数形式,展现出自变量对比数的影响:

$$\ln(P/1-P)=b_0+b_1X_1+b_2X_2$$

$$e^{\ln(P/1-P)}=e^{b_0+b_1X_1+b_2X_2}$$

$$P/1-P=e^{b_0}*e^{b_1X_1}*e^{b_2X_2}$$

从上一章我们可以看到,某一个值的对数的反对数就是这个值本身,等式的左边最后就等于比数。此外,$e$ 的$(X+Y)$次方等于 $e$ 的 $X$ 次方的乘以 $e$ 的 $Y$ 次方,等式的右边转化为相乘而非指数上的相加。

比数是一个以 $e$ 为底的常数次幂($e^{b_0}$)乘以以 $e$ 为底的 $X_1$ 的系数和 $X_1$ 的乘积次幂($e^{b_1X_1}$)再乘以以 $e$ 为底的 $X_2$ 的系数和 $X_2$ 的乘积次幂($e^{b_2X_2}$)。简单来说,每一个自变量对比数的影响(而非对比数对数)来自把系数取反自然对数。如果电脑的输出结果还未呈现,在任何计算器上,键入系数和 $e^x$ 函数命令,都可以得到 $e$ 的 $x$ 次方的结果。布朗研究中女性劳动力参与的系数 0.13，－1.29 以及 0.68 取以 $e$ 为底的幂后，变成了 1.14，0.28 和 0.51。

实际上，定义比数的等式是一个乘积式而非指数相加式影响到了对幂系数(exponentiated coefficient)的解释。在一个相加的等式中，当系数等于 0 时，一个变量是没有影响力的。所有的自变量乘以系数然后相加的和就是预测出的因变量的值；加上 0 的时候，预测的因变量的值不变。而在一个乘积等式中，预测的因变量乘以一个等于 1 的系数时不会发生变化。因此，相加等式中的 0 对应的是相乘等式里的 1。此外，正数作为指数的结果大于 1，负数作为指数的结果小于 1(但是大于 0，因为 $e$ 的任何次方都大于 0)。

对于幂系数，系数等于 1 不会让比数改变，一个大于 1 的系数会让比数增大，一个小于 1 的系数让比数变小。此外，系数距离 1 在任何一个方向越远，对比数的改变造成的影响就越大。比如，雇佣年限的幂系数为 1.14，说明每多一年的工作经验就会使劳动力参与的比数要乘以 1.14，或者说劳动力参与的比数增加了 1.14 倍。如果对于工作了 12 年的人劳动力参与的比数是 4.88，那么对于工作 13 年的人劳动力参与的比数就是 4.88 * 1.14，也就是 5.56。随之而来的是，对于工作 14 年的人劳动力参与的比数就是 5.56 * 1.14，也就是 6.34。[7]

用比数比(odds ratio)来说明，一个工作了 13 年的人的劳动力参与比数除以一个工作了 12 年的人的劳动力参与比数给出的就是 logistic 回归系数以 $e$ 为底取幂的值：5.56/4.48＝1.14。因此，系数其实展现了自变量一个单位变化所对应的比数比。

对于虚拟变量,解释也是类似的。对于高中辍学的虚拟变量,幂系数 0.28 说明自变量上每增加一个单位,劳动力参与的比数就要乘以 0.28。当然,一个单位增加实际上是比较了高中辍学组与受过大学教育的参照组。在任何情况中,乘以 0.28 都使得比数大幅降低。如果受过大学教育组别里劳动力参与的比数是 15.6,高中组别里劳动力参与的比数就等于 15.6 * 0.28 也就是 4.37。对于高中毕业的组别来说,系数的指数 0.51 表明劳动力参与的比数是受过大学教育组别劳动力参与比数的 0.51 倍。比数就是 15.6 * 0.51,也就是 7.96。用比数比来说明,虚拟变量的幂系数等于虚拟变量组与参照组的比数之比。

由于幂系数离 1 的距离表明了影响的程度的大小,一个简单的计算能进一步帮助理解这个问题。系数离 1 的距离展现了自变量一个单位的变化对比数造成的增加或者减少。用公式来表示,幂系数减去 1 之后再乘以 100 表示了自变量一个单位的变化所带来的增加或者减少的百分比:

$$\%\Delta = (e^b - 1) * 100$$

对于工作的年限,幂系数说明每增加一年工作年限,劳动力参与的比数增加 14%。比起理解为比数对数增加了 0.13,这种说法看上去更有意义。[8] 对比数造成的影响程度的大小也依赖于对自变量进行测量的单位——用不同的单位来测量的自变量所带来的对比数的改变并不能够保证可以直接相比。诚然,将比数改变解释成为一种百分比的形式还是有其直观的吸引力的。

回到虚拟变量上来,对于高中辍学组别来说,logistic 回

归系数取以 $e$ 为底的幂后的百分比改变等于 (0.28 − 1) * 100 也就是−72。这意味着高中辍学组里劳动力参与的比数较受过大学教育组里劳动力参与的比数低 72%。高中毕业组里幂系数 0.51 指明她们劳动力参与的比数是 49%,低于受过大学教育组里劳动力参与的比数。

解释这种幂系数时请记住,它们指的是比数上的一个倍数的改变而不是概率的改变。这种额外一年的工作年限能够使劳动力参与的比数增加 1.14 倍的解释还是比较简单的 (DeMaris, 1995:1960)。更精确地说,每多工作一年,劳动力参与的比数是原先的 1.14 倍或者说增加了 14%。

# 第 3 节 | 概率

第三种解释 logistic 回归系数的方法涉及将对比数对数或者比数的影响转为对概率的影响。由于自变量和概率之间的关系并不是线性的而且不可加的，它们之间无法用一个系数来完整描述。对概率带来的影响在指定好某一个特殊值或者某一组特殊值后才能够被确认。如何选择这些特定自变量的值依赖于研究人员的考虑以及数据本身的特性。但这个原始的策略有一个简明的优点：可以检验某个特殊案例对概率带来的影响。

## 连续的自变量

快捷地梳理出连续变量对概率的影响的一个方法涉及计算出每一个点切线的斜率。将自变量与概率相联系的非线性等式的偏导数定义为切线的斜率，但是更直观地来说，它代表了一条与 logistic 曲线相切的直线，这条直线与 logistic 曲线只在一点相交，并不会跨过曲线的另一边。图 2.1 画出了这条切线，logistic 切线相交于 $Y=P=0.76$。这条切线的斜率只在某特定点上确定，但是可以做简单的解释。这个斜率表示的是在 logistic 曲线上一个特定点定义的自变量

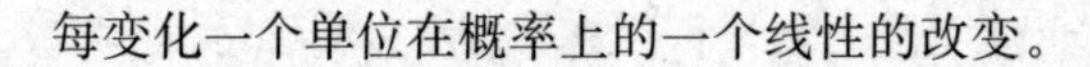
每变化一个单位在概率上的一个线性的改变。

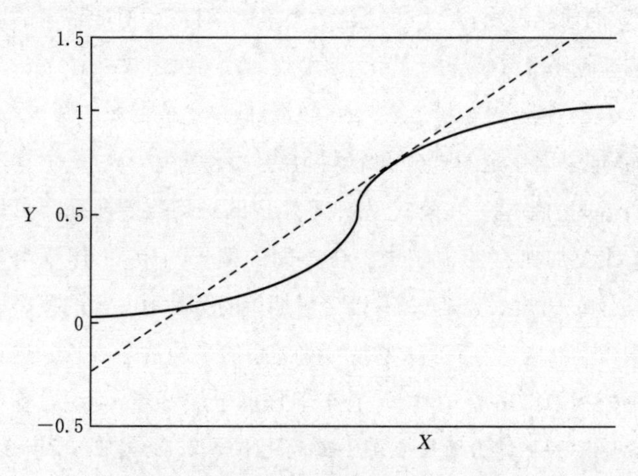


**图 2.1　logistic 曲线的切线 $Y = P = 0.76$**

概率变化或者切线的斜率来自一个简单的偏导等式。偏导数揭示的是 $X$ 上一个无穷小的变化所带来的概率上的改变，但也定义了切线的斜率，或者说在那个值上，$X$ 每改变一个单位在切线上的变化（接下来就会讨论，它并不等于 $X$ 每改变一个单位，在 logistic 曲线上产生的实际变化）。偏导，也被称做边缘或瞬时效应，等于

$$\partial P/\partial X_k = b_k * P * (1 - P)$$

上 logistic 回归系数简单乘以所选择的概率 $P$ 和 1 减去这个概率。

偏导公式绝妙地展现了一个自变量对概率所造成的非线性的影响。$b$ 的影响（表现为比数对数的形式）根据 $P$ 的大小转化为对概率造成的不同影响。当 $P$ 等于 0.5 时的影响肯定是最大的，因为 $0.5 * 0.5 = 0.25$，$0.6 * 0.4 = 0.24$，

0.7 * 0.3 = 0.21 等等。$P$ 越接近于最大值或最小值，$P*(1-P)$ 的值就越小，$X$ 上每变化一个单位，对概率所能带来的影响就越小。

当系数乘以 0.5 * 0.5 的时候对概率造成的影响最大，然而，如果因变量的划分并非均匀的，也许会夸大对一个样本所造成的影响。在公式里用概率 $P$ 的平均数替换 0.5，可以给出更加典型的影响来。在布朗的例子当中，工作年限的 logistic 回归系数是 0.13；因变量期望的劳动力参与的概率平均数是 0.83；没有劳动力参与的概率的平均数是 0.17。这三个值相乘得出了 0.018。工作年限每增加一年，劳动力参与的概率的平均数增长 0.018 或者几乎是 2%。在 $P$ 等于 0.5 的时候，影响却能达到最大值 0.032。

作为平均数的备选，我们可以用一个典型案例里给定了自变量后预测的概率，然后用这个概率去计算偏导。将连续变量的平均数和虚拟变量的模型情况代入 logistic 回归等式，可得到那种特定案例下的比数对数。将预测比数对数转化为预测的概率，就可以得出在那种特定案例下对概率的影响。

用同样的方法，研究者可以计算出给定自变量某一范围之后的预测的概率并展现出样本中一些极端的和中间的案例(Long, 1997:64)。让其他变量取平均值，其中一个变量取距离平均数 −2, −1, 0, 1 和 2 个标准差。之后用所得概率去计算边际效应。或者，取自变量的最大值、中间值和最小值来计算概率和与之相关的边际效应。朗(Long, 1997)讨论了一些其他的方法——包括使用表格以及图示——来展现出一个更加完整的变量对概率影响范围的描述。

偏导的公式呈现了与概率相关的不可加性以及非线性的特点：一个自变量对概率的影响随着 $P$ 的变化而变化；$P$ 也随着其他自变量值的变化而变化。当 $X_2$ 在平均值时，它也许预测了 $P$ 在 0.5 附近而且 $X_1$ 会有较大的边际效应。当 $X_2$ 接近它的最大值时，它也许预测了 $P$ 接近 1 而且 $X_1$ 会有较小的边际效应。换句话说，$X_1$ 对概率的影响，随着其他自变量的值的变化以及 $P$ 的变化而变化。也意味着概率取决于自变量之间的相互作用（请记住，自变量对比数对数的影响是线性且可加的）。

这些决定概率的因素产生了这种非线性和不可加性的固有影响，限制了任何对单个系数进行阐述的价值。鉴于这种用单个系数描述非线性和不可加性的困难程度，学者们就是否需要计算出一个偏导数有不同意见（DeMaris，1990，1993；Roncek，1993）。批评计算系数的偏导步骤的人认为结果会产生误导，也没有比使用线性回归有更大优势。尽管如此，倾向于使用比例或者用概率讨论的思维方式，也许可以保证在自变量取均值或者在 logistic 曲线上的其他点时，切线的斜率可以被用来作为对其他解释的补充。

## 虚拟的自变量

在连续变量的情况下，由于在自变量上的微小改变在它所定义的切线上是有意义的，因此偏导的方法最合适。而对于虚拟变量来说，相关的改变发生在 0 和 1 之间，$X$ 上的微小改变在它所定义的切线上的意义较小。然而，我们依然可以预测出每组的概率，每两个概率之差就是组与组之间概率的差。虚拟变量系数的偏导数近似于组之间概率的差，但是直接计算出预测的概率可以得到更精确的差值。请记住，计算出来的组之间的概率差类似偏导数，会随着在 logistic 曲线上的位置、$X$ 的值以及 $P$ 的值的变化而变化。

我们需要选择一个起始点来评估虚拟变量的影响。有了参照组的概率值后，计算出预测的虚拟变量组的概率。这两个概率相减得出的就是在选定的起始点上两组之间的概率差(Peterson, 1985)。在这个起始点上，因变量的均值可以作为参照组的概率，但其他一些有着特殊研究兴趣的值也可以起同样的作用。虽然选择其他参照组的概率 $P$ 值既合理也有意义，所得出的结果却不同。

让我们根据以下步骤更准确地说明：(1)对于参照组，找出 $P$ 的比数对数或者预测的比数对数。(2)对虚拟变量组，为了找出预测的比数对数，要加上对应参照组预测的比数对数的 logistic 回归系数。(3)利用下面给出的公式(在第 1 章也有给出)，根据预测的虚拟变量组里的比数对数计算出概率。(4)减去来自虚拟变量组的概率 $P$，从而得出组之间概率的差(或者说是虚拟变量对概率的影响)。

用公式表示，步骤是：

$$L_0 = \ln\big(P_0/(1-P_0)\big) \text{ 参照组的对数}$$

$$L_d = L_0 + b_d \text{ 虚拟变量组的对数}$$

$$P_d = 1/1 + e^{-L_d} \text{ 虚拟变量组的概率}$$

$$P_d - P_0 \text{ 概率之差}$$

在布朗的例子中，用因变量的均值 0.83 作为 $P_0$，高中辍学组的系数 $-1.29$ 作为 $b$(参照组是受过大学教育的女性)，根据上文的步骤：

$$L_0 = \ln\left(P_0/(1-P_0)\right) = \ln(0.83/0.17) = 1.586$$

受过大学教育女性比数的对数

$$L_d = L_0 + b = 1.586 - 1.29 = 0.296$$ 高中辍学组比数的对数

$$P_d = 1/1 + e^{-L_d} = 1/1 + e^{-0.296} = 1 + 0.743\,8 = 0.573$$

高中辍学组的概率

$$P_d - P_0 = 0.573 - 0.83 = -0.257$$ 概率之差

在因变量的均值上，高中辍学组劳动力参与的概率比大学教育组低 0.257。一如既往，这个将比数对数转化为概率的等式是非线性的，两个组之间概率之差也会随着 $P$ 的值以及其他自变量的值的变化而变化。

## 在连续自变量的情况下预测概率

就算是对于连续自变量来说，偏导数也会令它自己陷入潜在的误解中：它表示的是在自变量上变化一个单位，相应切线上的变化而非自变量上变化一个单位相应的 logistic 曲线上的变化。由图 2.1 看出，从 $P$ 开始，切线持续地向上延伸，而 logistic 曲线会弯曲。后果就是 $X$ 每变化一个单位，概率在切线和曲线上的变化是不同的。由于切线是一条直线，因此计算它的斜率比计算 logistic 曲线上概率的变化更容易，但它并没有如实反映出 $X$ 每变化一个单位所带来的观察到的概率上的变化。

一个除了偏导数之外的方法就是在连续自变量中也用跟在虚拟变量情况下一样的方法来预测概率。预测概率的

改变指明了一个 $X$ 上离散的改变所带来的影响——例如 $X$ 变化一个单位——而非一个 $X$ 上瞬时的或者无穷小的变化所带来的影响。基于这个理由，有些人更倾向于用一个离散的变化得出预测概率而非使用偏导数的方法（Kaufman, 1996; Long, 1997）。然而，在 $X$ 上有离散变化时去计算预测的概率依赖于在曲线上所选择的起始点。鉴于自变量和概率之间非线性的关系，$X$ 对概率带来的影响随着 $X$ 起始值的不同而不同。

对于虚拟变量，用以上公式计算的预测概率其实就是把 $X$ 替换为参照组，把 $X+1$ 替换为虚拟变量组。取自自变量的均值或者其他值来作为 $X$ 的一个起始点，整个步骤就可以计算出 $X+1$ 的预测概率。概率之间相减，就可以得出 $X$ 上一个单位的改变对概率的影响。更精确地讲，首先找出 $P$ 的比数对数（例如，自变量发生改变前的比数对数）。之后在这个起始 logit 上加上对应自变量的 logistic 回归系数计算出新的比数对数的概率。最后，在第二个概率（对应（$X+1$））中减去第一个概率（对应 $X$），就是在 $X$ 上每一个单位的变化对概率的预测值 $P$ 的影响。

在布朗的例子中，$P$ 等于 0.83，工作年限的系数是 0.13。在 $P$ 上比数的对数就是 0.83/0.17，也就是 1.586。把系数加进去就是 1.716(1.586 + 0.13)。概率用比数对数的函数（$P_d = 1/1 + e^{-L}$）计算出相应 $X+1$ 的概率是 0.848。0.848 和 0.83 的差就是 0.018。在因变量取均值时，工作年限每增加一个单位（也就是一年），使得劳动力参与的概率增加了 0.018。在这个例子中，$X$ 上离散的和瞬时的变化对概率的改变在小数点后三位是一样的，但是在其他情况下，它们的结果会不同(例如,Kaufman, 1996)。

让我们考虑另外一个计算来说明不同起始值带来的影响。以 $P$ 等于 0.5 开始,比数对数就是 0,加上 logistic 回归系数就是 0.13,比数对数为 0.13 对应的概率是 0.532。0.532 - 0.5 的影响等于 0.032——基本上恰好是选定 $P=0.83$ 的情况下影响力的两倍。就像之前讨论的,除了使用因变量的均值作为一个起始值外,也可以用所有连续变量的均值和虚拟变量的某一组别预测出的概率值作为起始点。如前所述,研究人员甚至可以由各种自变量的值得出的一组对预测概率的影响来处理非线性的问题。[9]

如此多种解释对概率的影响的方法说明,简单地概括一个非线性关系是非常困难的。有些人建议完全避免这样的解释,而专注于在比数上的倍数改变而非留心概率的改变。然而,当专注于概率时,最快捷简易的方法包括利用样本的概率均值、连续变量里的偏导数以及虚拟变量里预测概率的差这三种。为了得知更多细节,也许有必要使用边际效应或者在曲线上取很多不同的点来看对预测概率的影响。

# 第 4 节 显著性检验

由于在 logistic 回归里的显著性检验与在普通回归中的检验没有什么不同,在这里就不需要对这些系数进行非常细致的讨论。和在普通回归中一样,在 logistic 回归中,系数相对于标准误的大小是检验显著性的基础。STATA 里面的 logistic 回归程序显示的是系数除以它自己的标准误,这可以用 $z$ 分布来评估。系数的显著性(significance of the coefficient)——当总体参数等于 0 时,样本中的系数本应是自身偶然发生的可能性——可以像往常那样解释。然而,由于我们对于小样本的 logistic 回归系数的特性所知甚少,在样本量低于 100 的情况下进行显著性检验是有风险的(Long, 1997:54)。

SPSS 和 SAS 里面的 logistic 回归程序通过计算 Wald 统计量对单个系数进行(双尾)检验,它等于系数除以系数标准误所得的比的平方,而且是一个卡方分布。除了样本量,还存在一个潜在问题会影响到 Wald 统计(Long, 1997:97—98)。在 logistic 回归系数的绝对值很大的情况下,由于舍入误差的关系,估测出的标准误就会缺乏精确度,对虚无假设就会提供错误的检验。在这种情况下,比较包含和不包含这个变量的模型的对数似然比(log likelihood)(下一章会涉及)

可以检验它的显著性。

在应用我们之前讨论的那些解释方法之前，系数应该超过显著性的标准水平。然而，由于统计上显著严重依赖于样本大小，$p$ 值对于相关联系的强度、重要性和直观意义提供不了什么信息。特别是很大的样本，可以提供显著的 $p$ 值，反之则是很小和不重要的影响。尽管研究通常依赖于统计学上显著(以及系数的正负号)作为解释 logistic 回归系数的主要方法，在用其他方式解释系数前，$p$ 值只能是一个有待克服的最初牵绊。

拉夫特里(Raftery, 1995)提出了一种方法以处理在大样本中传统假设检验不够让人满意的结果。他针对多种统计学上的检验提出了一个贝叶斯信息准则(BIC)。BIC 与 $p$ 值不同，是应用在单个 logistic 回归系数上。根据一些复杂的推导和近似，拉夫特里(1995:139)建议，为了推翻虚无假设，某个系数的 $t$ 值的平方或者 $z$ 值的平方(在本例中)和卡方值应该超过样本量的对数。用公式表示，

$$\mathrm{BIC} = z^2 - \ln n$$

BIC 值应当大于 0 才算达到显著性水平。具体来说，BIC 值暗指的是包含或者不包含这个变量所产生的模型上的以及系数上的差异。如果某个变量的 BIC 值等于或者小于 0，那么在模型中放入这个变量就难以得到数据的支持。同样，$z$ 的绝对值应该超过$\sqrt{\ln n}$ 。

对于 BIC 大于零的系数，拉夫特里指定了一个经验性的原则来评估包括某变量的“证据等级”。他定义 BIC 在 0—2 是弱，2—6 是正向的，6—10 是强，比 10 大是非常强。通过

形式化评估各种样本大小的虚无假设，对某个系数的 BIC 显著性检验相较传统的显著性检验可以提供更多信息。因为直接测量强度并不简单，所以这种方法当 logistic 回归系数是以比数的对数呈现时尤其有用。

在布朗的分析中，自变量工作年限的 logistic 回归系数是 0.13，标准误是 0.02。一个 6.5 的 $z$ 值以及 42.25 的卡方值轻松达到了 0.01 的 $p$ 值水平。对于自变量为高中辍学率虚拟变量的组别，$z$ 值和卡方值分别等于 4.45 和 19.8，再一次轻松达到了标准显著水平。此外，样本量 922 的对数是 6.83。对这两个变量来说，BIC 值(例如，$42.25-6.83=35.42$，以及 $19.8-6.83=12.97$)都在强度很高的范围里。

# 第5节 | 标准化的系数

为了得到标准化的系数，在回归中通常将非标准的系数乘以 $X$ 和 $Y$ 两者的标准之比从而使其标准化。所得的结果与在进行回归程序之前，所有变量首先进行过一次标准化（0 是平均值，1 是标准差）之后再回归的系数是完全一样的。与多元回归程序不同的是，通常 logistic 回归并不会计算出标准化系数。在 logistic 回归中，标准化系数的问题部分来源于虚拟变量里的标准分或者标准单位的模糊含义。标准化了的虚拟变量仅仅是把 0 和 1 换成了另外两个值。如果因变量的平均值等于概率 $P$，误差就等于 $P*(1-P)$。然后，

$$Y\text{ 为 }1\text{ 的 }z\text{ 值等于 }(1-P)/\sqrt{P*(1-P)}$$

$$Y\text{ 为 }0\text{ 的 }z\text{ 值等于 }(0-P)/\sqrt{P*(1-P)}$$

只有这两个值，一个标准化了的虚拟变量并不代表影响的大小，而且一个标准误差的变化缺乏明晰的参考。因为一个二分变量上一个标准差的改变与一个连续变量上一个标准差的改变所代表的含义是不同的，所以有些人在处理虚拟变量时会避免使用标准化的系数。

对于一个包含虚拟变量的 logistic 回归来说更重要的是，模型所预测的比数对数是代表不受限的因变量和随意定

义的方差的一种变形。对于 logits 来说,不存在一个简单明显的标准差,在 logistic 回归中,也没有简单的标准化存在。

在进行 logistic 回归之前仅仅将自变量进行标准化是没有问题的。得出的系数代表了在每一个自变量上发生了一个标准差的变化对经历某个事件或者具有某种特性的比数对数所带来的变化。在自变量上有一个可比较的量度,这些半标准化了的系数在一个等式中反映了变量的相对重要性。或者,人工计算出自变量的回归系数乘以变量的标准差也能得到同样的结果。[10]

有些比较可以识别不同的自变量对同一个因变量的影响。然而,由于也没有对因变量进行标准化,因此对系数的解释与彻底标准化了的系数相比是不同的。实际上,如果没有对自变量和因变量都进行标准化,比较自变量对不同因变量的影响可能会产生误导。一个完全标准化的系数,如下面公式所示,$B^*_{yx}$ 会同时根据 $X$ 和 $Y$ 的标准差进行调整:

$$B^*_{yx}=b_{yx}(s_x/s_y)$$

$b_{yx}$ 等于 logistic 回归系数,$s_x$ 等于 $X$ 的标准差,$s_y$ 等于 $Y$ 的标准差。然而,如何得到 $Y$ 的标准差的问题依然有待解决。

在 SPSS 里的 logistic 回归计算一个在$-1$和$+1$之间变化的模拟的部分相关系数。这个部分相关系数来自 Wald 统计和基线对数似然比(log likelihood ratio)(将在下一章讨论)。当 Wald 检验小于 2 的时候,SPSS 将这个部分相关设定为 0。然而,部分相关系数与标准回归系数不同,而且并不是准确地对应回归当中使用的测量。

logistic 回归在 SAS 里得出的是标准回归系数。这个程序利用了 logit 分布的标准差（1.813 8 或者 $\pi^2/3$ 的平方根）作为因变量的标准差。这个标准差并不考虑因变量实际的分布情况，假设它对所有的等式都是一样的。同样，这样的系数与通常等式中的标准系数并非一致。

为了得到一个对实际因变量的标准差更有意义的测量，朗（Long, 1997）推荐使用预测的 logits。logistic 回归将一个二分因变量的概率转化为比数的对数来呈现出一个潜在的连续变量。由 logistic 回归预测的比数对数有一个可以观测到的方差。此外，logistic 回归等式里面的误差项也有一个方差，在 logit 分布中被任意定义为 $\pi^2/3$。二者共同作用，预测对数的方差加上误差项的方差等于对一个未观察到的连续变量的估计方差。方差的平方根等于对于这个潜在连续变量的标准误的测量。对标准系数使用这个标准误就可以得出在 $X$ 上每变化一个单位，比数对数会变化 $B_{yx}^*$ 个标准差。

为了估计 $s_y$，对每一个个案保存这个由 logistic 回归中预测的比数对数值。由于预测的值有一个分布，这个分布的方差可由一个描述性的统计命令得出。如果这个 logistic 回归程序一如在 SPSS 中保存了预测的概率，可以从预测概率计算出比数对数并得出比数对数的方差。之后再加上误差项的方差，这个方差在 logistic 回归中定义为 3.289 9，然后把两者之和开根号就得出因变量的标准差。请注意，这样一种估计标准差的方法依赖于预测值，因此取决于特定的模型设定。与回归中因变量的标准差不同，这个标准差会随着新变量的变化而变化。

梅纳德（Menard, 1995：46）建议了另一个间接估计比数对数标准差的方法。在回归中，可解释的方差等于回归的平方和除以整个平方和。一旦把两个平方的和都除以样本量 $n$（或者 $n-1$），可解释的方差等于因变量预测值的方差除以因变量的方差：

$$R^2 = SS_{\text{reg}}/SS_{\text{tot}} = (SS_{\text{reg}}/n)/(SS_{\text{tot}}/n) = s_{\text{reg}}^2/s_y^2$$

通过简单的代数，$Y$ 的方差等于回归预测值的方差除以可解释的方差，这个比例开根号就是 $Y$ 的标准差。

总结下来，计算标准系数的步骤包括：

1. 保存 logistic 回归预测的概率值，或者保存预测的比数对数的值再转化成概率；

2. 将预测的概率值与虚拟变量相关得出 $R$ 和 $R^2$；

3. 将预测的概率转化为预测的比数对数，或者直接使用之前存有的比数对数；

4. 找出预测对数的方差；

5. 计算出 $Y$ 的标准差，也就是预测的对数除以 $R^2$ 再开平方；

6. 用估计的 $Y$ 的标准差、$X$ 的标准差、回归系数可以计算出标准系数。得出的系数表示的是自变量上每一个标准差的变化在 logit 上的标准差的变化。

# 第6节 一个实例

让我们用1994年综合社会调查数据搭建一个简单的吸烟模型来回顾一下解释logistic回归系数的多种方法。这个logistic回归模型包括四个自变量：教育表示受过正规教育的年限；年龄表示从出生到调查时间的年限；代码1表示女性的性别虚拟变量；代码1表示已婚的婚姻的虚拟变量。整个样本在因变量吸烟和四个自变量上全部具有有效信息的受访者一共有510个。表2.1显示的是SPSS logistic回归的部分结果。

**表2.1 部分SPSS logistic回归结果：变量的系数**

| 变量 | B | S.E. | Wald | df | Sig | R | Exp(B) |
|---|---|---|---|---|---|---|---|
| 教育 | −0.208 5 | 0.038 2 | 29.874 2 | 1 | 0.000 0 | −0.215 3 | 0.811 8 |
| 年龄 | −0.034 1 | 0.006 7 | 26.122 2 | 1 | 0.000 0 | −0.200 3 | 0.966 5 |
| 婚姻状况 | −0.374 6 | 0.211 2 | 3.144 3 | 1 | 0.076 2 | −0.043 6 | 0.687 6 |
| 性别 | 0.096 4 | 0.212 6 | 0.205 6 | 1 | 0.650 2 | 0.000 0 | 1.101 2 |
| 常数 | 3.366 6 | 0.647 8 | 27.011 2 | 1 | 0.000 0 | | |

1. 确认哪一个系数与零显著不同。把标记为B的系数那一列除以标记为S.E.的标准误那一列可以得出$z$比例，可以查询普通的$z$表和所选择的显著水平来解释。将系数除以标准误所得的比例取平方就得出卡方值——在SPSS输出为Wald统计。根据卡方分布，与每一个Wald统计对应的概

率记录在标记为“Sig”的列里。

教育和年龄超过了统计上一般的显著性水平，但是婚姻和性别没有达到。此外，用BIC算出的样本量的自然对数等于6.23。从Wald统计中减去这个值的差表明了年龄和教育的一个非常强的水平。根据通常标准，婚姻和性别在BIC里也没有达到显著水平。

2. 用比数的对数来解释每一个自变量系数的意义和方向。系数表示年龄每增加一年，吸烟的比数对数降低0.034；教育每增加一年，吸烟比数对数下降0.208。女性吸烟的比数对数比男性高0.096；已婚人士吸烟的比数对数比非婚人士低0.375。对于性别和婚姻状况的比数对数来说，在总体中这样的不同并不显著，我在这里如此解释仅仅是这样便于理解。

3. 对于连续的自变量来说，把系数变换成吸烟的比数。SPSS在最后一列里给出了让每一个系数作为$e$的指数后的结果。将这个结果减去1之后再乘以100就是$X$上每变化一个单位，吸烟比数变化的百分比：

> 教育：教育年限上每增长一年使得吸烟的比数是原先的0.812倍，或者说减少18.8%[因为$(0.812-1)*100=-18.8$]。
>
> 年龄：年龄上每增长一岁使得比数是原先的0.966倍或者3.40%[因为$(0.966-1)*100=-3.40$]。

尽管教育和年龄都是用年来测量的，但两个变量的范围和标准差不同。为了让系数更有可比性，它可以用来理解每一个标准差的变化在比数上造成的百分比变化。以教育为例，在标准差 3.09 上乘以 logistic 回归系数－0.208 5，之后让所得的乘积作为 $e$ 的指数。所得的结果 0.525 就是教育上每增加一个标准差的单位，吸烟的比数减少了 47.5%[(0.525－1) * 100]。对于年龄来说，17.38 的标准差和 logistic 回归系数－0.034 1 可以得出 0.553。年龄上每增加一个标准单位可以使得吸烟的比数减少 44.7%。尽管没有完全标准化，系数显示出两个变量的效果是相似的。

4. 对于虚拟变量的不同组，可比较吸烟的比数。在第一种案例中，涉及已婚人士和未婚人士的组别相比，在第二组事例中，涉及女性与男性相比。作为 $e$ 的指数，logistic 回归系数对虚拟变量表明：

> 婚姻状况：已婚人士的吸烟比数低于未婚人士(0.688－1) * 100 或 31.2%。
>
> 性别：女性的吸烟比数比男性高出(1.10－1) * 100 或 10%。

系数作为 $e$ 的指数的结果也代表了已婚人士与未婚人士和女性与男性吸烟的比数比。已婚人士吸烟的比数相对于未婚人士吸烟的比数相除作为一个比例就是 0.688；每 100 个未婚的吸烟人士对应着 69 个已婚的吸烟人士。女性相对于男性吸烟的比数比等于 1.10；每 100 个男性吸烟者对应 110 个女性吸烟者。

5. 计算连续变量对于样本吸烟概率的均值的边际效应。当样本中吸烟的比例为 0.276 时，使用如下公式计算偏导：

教育：−0.208 5 * 0.276 * 0.724 = −0.042。对于概率均值来说，教育上每增长一年，可以使吸烟的概率减少 0.042 或者 4.2%。

年龄：−0.034 1 * 0.276 * 0.724 = −0.007。对于概率均值来说，年龄上每增长一岁，可以使吸烟的概率减少 0.007 或者 0.7%。

6. 对于样本吸烟概率的均值，计算虚拟变量组预测概率的变化。样本中吸烟的比例为 0.276 的比数对数等于 −0.964 (ln[0.276/(1 − 0.276)])。

婚姻状况：预测的已婚人士吸烟的比数对数为 −0.964 − 0.374 6 = −1.339，对应的概率就是 0.208，因此在样本概率的均值上，已婚人士吸烟的概率比未婚人士低 0.068(0.208 − 0.276 = −0.068)。

性别：预测的女性吸烟的比数对数等于 −0.964 + 0.096 4 = −0.867 6，所得的概率是 0.296。在样本概率的均值上，女性因此比男性吸烟的概率多出 (0.296 − 0.276)，也就是 0.020。

7. 基于吸烟样本概率的均值 0.276 计算出教育和年龄每增加一个单位在预测的概率上的改变。同样，吸烟比例平均数的比数的对数是 −0.964。将 logistic 回归系数加到这个比数对数上来找出概率。[11]

教育：−0.964 − 0.208 5 = −1.172 5，所对应的概率是 0.236，教育年限每增加一年，吸烟的概率降低 0.040(0.236 − 0.276 = −0.040)。

年龄：$-0.964-0.0341=-0.9981$，所对应的概率是0.269，年龄上每增长一年，吸烟的概率降低0.007（$0.269-0.276=-0.007$）。

8. 计算因变量的标准系数。SPSS保存由logistic回归得出的预测概率值。吸烟的预测概率值与观测到的虚拟因变量的相关系数是0.319以及平方后的值0.1018（例如，因变量可以被自变量的变化所解释的变化）。一旦转换回比数对数，预测的值就有一个0.6195的方差。根据梅纳德的研究，$Y$的方差等于预测的对数的方差除以可以用自变量解释的方差，标准差就是这个比例的平方根：

$$s_y^2=0.6195/0.1018=6.085,\ s_y=2.467$$

根据朗的研究，$Y$的方差等于预测的对数值的方差加上logistic分布的方差：

$$s_y^2=0.6195+3.290=3.909,\ s_y=1.977$$

表2.2使用标准系数的公式进行了计算。一种方法比另一种方法所得出的标准系数更大，但二者都指明教育和年龄对吸烟的影响最大。

**表2.2**

| | | | 梅纳德 | | 朗 | |
|---|---|---|---|---|---|---|
| | $b$ | $S_x$ | $S_y$ | $B^*$ | $S_y$ | $B^*$ |
| 教育 | −0.2085 | 3.09 | 2.467 | −0.261 | 1.977 | −0.326 |
| 年龄 | −0.0341 | 17.38 | 2.467 | −0.24 | 1.977 | −0.3 |
| 婚姻状况 | −0.3746 | 0.4985 | 2.467 | −0.076 | 1.977 | −0.094 |
| 性别 | 0.0964 | 0.4977 | 2.467 | 0.019 | 1.977 | 0.024 |

# 第7节 | 小结

logistic 回归系数对于自变量在具有某种特性或者经历一个事件的比数对数的因变量上所带来的影响，提供了一个简单的线性和可加的概括，但是对于因变量的变化缺乏一种直观的解释力度。让系数 $b$ 作为 $e$ 的指数，可以让所得出的系数表示比数的倍数或者比数上百分比的变化。同时也有各种方法来计算自变量对具有某种特性或者经历一个事件的概率的影响。然而，对概率的影响取决于用来计算这个影响在 logistic 曲线上的位置。尽管因变量的均值提供了一个合理的计算位置，但自变量与概率之间固有的非线性和不可加性的关系令这种处理很有争议。对显著性标准化的检测为结果提供了另外一种解释的方式，但这些结果本身对于系数具有的直观意义基本没有什么作用。计算标准系数也许有所帮助，可是不同的计算方法会得出不同的结果。

# 第3章

# 估计和模型匹配

上一章 logistic 回归系数与普通回归系数的处理很相似，区别仅仅是因变量有了一个从非线性和不可加性的概率到比数的转变。通过这种处理，讨论集中于某个个案或者一系列自变量的值来预测经历某个事件或者具有某种特性的概率。然而，对于个人来说，因变量通常只包括 0 和 1 的值而非实际的概率。由于没有已知的概率，估计步骤里必须使用虚拟因变量上观察到的 0 和 1 来预测概率。

正如先前的讨论一样，用普通最小二乘法估计二分的因变量是不合适的。误差项既非一个正态分布在不同自变量值上误差项的方差，也不恒定。因此，最小二乘法的准则——因变量的观察值与预测值的差的平方最小——这种估计方法再也无法给出有效的估计。

logistic 回归用最大似然法的方式代替最小二乘法来得出有效的估计。这个灵活的最大似然估计的策略在诸多模型中广为应用（Eliason，1993），不过这一章只阐述它在 logistic 回归里的估计方法。这一章利用简单的语言强调了在普通回归中最小二乘法和 logistic 回归中最大似然法在概念方面的相似和不同。尽管关键并不是解释 logistic 回归系数，但对于估计的步骤有所了解有利于解释常用的假设来源以及对模型准确度的测量。因此本章最后一部分将延伸到对这些话题的讨论。

# 第 1 节 | 最大似然估计

最大似然估计寻找的是一个模型参数的估计，令其最有可能给出在样本数据中观察到的模式。让我们用一个简单的抛硬币的例子来说明最大似然的原则。假设一个硬币被抛了 10 次，4 次正面向上，6 次背面向上。让 $P$ 表示正面向上的概率，那么 $1-P$ 就是背面向上的概率，得到 4 次正面向上和 6 次背面向上的概率就是：

$$P(4\text{ 次正面向上和 }6\text{ 次背面向上})$$
$$=10!/4!6![P^4*(1-P^6)]$$

通常我们也许会假设，对于一枚硬币，$P$ 等于 0.5 可以用来计算得到 4 次正面向上的概率。如果 $P$ 是未知的，我们就需要估计硬币的均匀程度(fairness)，然而，问题变成：根据这次 4 次正面向上和 6 次背面向上的观察结果，$P$ 能是多少？最大似然估计会找出一个 $P$，能够让得到所观测到的结果的概率尽可能地大。

**表 3.1**

| $P$ | $P^4*(1-P)^6$ | $P$ | $P^4*(1-P)^6$ | $P$ | $P^4*(1-P)^6$ |
|---|---|---|---|---|---|
| 0.1 | 0.000 053 1 | 0.4 | 0.001 194 4 | 0.7 | 0.000 175 |
| 0.2 | 0.000 419 4 | 0.5 | 0.000 976 6 | 0.8 | 0.000 026 2 |
| 0.3 | 0.000 953 | 0.6 | 0.000 530 8 | 0.9 | 0.000 000 7 |

在找出对 $P$ 的最大似然估计时，我们可以关注上文公式中 $P^4 * (1-P^6)$ 的部分。这个公式表达了作为变量值 $P$ 的函数，得到 4 次正面向上的可能。代入可能的 $P$ 值，结果包括在表 3.1 当中。看上去在 $P$ 等于 0.4 的时候最有可能得到观察的结果。[12] 当 $P$ 在 0.35 和 0.45 之间变化时，用同样的公式进一步检查，似然度确认 $P$ 在 0.4 的时候会有最大似然。根据已知数据，最可能或者最大似然的 $P$ 的估计值等于 0.4。用这种方法，我们对 $P$ 选取一个能给出实际观察的结果最大似然作为参数估计。

对 logistic 回归来说，给定一个样本，所需步骤由一个对某个事件或者具有某种特性发生($Y=1$)或者没发生($Y=0$)观测到的可能性(似然)的表达开始。这样一个表达取决于未知的 logistic 回归参数，用似然函数表示。例如在抛硬币的例子当中，最大似然估计发现了能够给出最大似然函数的模型系数。因此，它说明了此模型参数的估计最有可能给出样本数据中所观察的结果。

在 logistic 回归中的最大似然函数与之前的公式类似：

$$LF = \prod \{P_i^{Y_i} * (1-P_i)^{1-Y_i}\}$$

$LF$ 指的是似然，$Y_i$ 指的是对于案例 $i$ 来说，所观察到的二分因变量的值，$P_i$ 指的是对于案例 $i$ 预测到的概率。要记得 $P_i$ 的值来自 logistic 回归模型，$P_i$ 的公式是 $P_i = 1/(1+e^{-L_i})$，$L_i$ 是由未知的参数 $\beta$ 和自变量来决定的比数的对数。$\prod$ 指的是连加符号的乘法形式，也就是说让每一个案例的值相乘。式子的关键就是要找出 $\beta$ 的值，使得 $L_i$ 和 $P_i$ 能够最大化 $LF$。

让我们来看一看这个公式是如何运作的。对于某 $Y_i$ 等于 1 的案例,公式就简化成了 $P_i$,因为 $P_i$ 的一次方等于 $P_i$,$(1-P_i)$ 的零次方等于 1。因此,在 $Y_i$ 等于 1 的案例中,似然就是预测的概率值。如果根据模型的系数,在 $Y_i$ 等于 1 的情况下,发生某件事的预测概率很高,相比较低的概率来说,它对似然的贡献就更大。

在 $Y_i$ 等于 0 的案例中,公式可以简化成 $(1-P_i)$,因为 $P_i$ 的零次方等于 1,$(1-P_i)$ 的一次方等于 $(1-P_i)$。因此在 $Y_i$ 等于 0 的案例中,似然等于 1 减去预测概率。根据模型系数,$Y_i$ 等于 0 的案例中发生某事件的预测概率比较低,相比较高的预测概率来说,它对似然的贡献就更大(比如,如果 $P_i=0.1$,那么 $1-P_i=0.9$,相比 $P_i=0.9$ 和 $1-P_i=0.1$ 来说,$P_i=0.1$ 所带来的影响更大)。

下面有四个案例。因变量在两个案例上的得分是 1,在另外两个案例上的得分是 0。假设估计的系数结合自变量的值所预测的四个概率列在表 3.2 当中。表 3.2 中就是用公式计算出的概率的结果。对每种案例,最后的值表示的是给定预估系数时得到某种观察的可能性;在这个例子中,得到这种观察的可能性比较高。将这些数值与另外一组结合了 $X$ 的值以及估计系数得出的不同的概率,以及根据似然公式计算出的可能性的值(见表 3.3)相比。在这种情况下,预测系数在得出实际上 $Y$ 值的时候表现比较差,可能性(似然)的值也更低。

给定一系列模型参数的估计量,可以通过最大似然函数得出在每个案例中得到实际观察到的样本值的概率。把这些概率相乘,可得出在所有案例下通过一系列系数计算出能

表 3.2

| $Y_i$ | $P_i$ | $P_i^{Y_i}$ | $(1-P^i)^{1-Y_i}$ | $P_i^{Y_i} * (1-P^i)^{1-Y_i}$ |
|---|---|---|---|---|
| 1 | 0.8 | $0.8^1=0.8$ | $0.2^0=1$ | 0.8 |
| 1 | 0.7 | $0.7^1=0.7$ | $0.3^0=1$ | 0.7 |
| 0 | 0.3 | $0.3^0=1$ | $0.7^1=0.7$ | 0.7 |
| 0 | 0.2 | $0.2^0=1$ | $0.8^1=0.8$ | 0.8 |

表 3.3

| $Y_i$ | $P_i$ | $P_i^{Y_i}$ | $(1-P^i)^{1-Y_i}$ | $P_i^{Y_i} * (1-P_i)^{1-Y_i}$ |
|---|---|---|---|---|
| 1 | 0.2 | $0.2^1=0.2$ | $0.8^0=1$ | 0.2 |
| 1 | 0.3 | $0.3^1=0.3$ | $0.7^0=1$ | 0.3 |
| 0 | 0.7 | $0.7^0=1$ | $0.3^1=0.3$ | 0.3 |
| 0 | 0.8 | $0.8^0=1$ | $0.2^1=0.2$ | 0.2 |

够得到实际结果的可能。概率相乘意味着乘积不会大于1也不会小于0。在极少的情况下，所有观察为1的案例中预测值也为1，并且所有观察为0的案例的预测值也为0，此时这个乘积会等于1。对第一组系数，乘积等于0.8 * 0.7 * 0.7 * 0.8，也就是0.313 6；对第二组系数，乘积等于0.2 * 0.3 * 0.3 * 0.2，也就是0.003 6。从这个更加细致的单个数字的结果中可以明显看出，第一组假设出来的系数能得出一个较大的似然函数值，更有可能给出所观察到的数据。

# 第 2 节 | 对数似然函数

为了避免概率的乘法运算(尤其是在处理极小的数字时),似然函数可以变成一个取了对数的似然函数。因为

$$\ln(X * Y) = \ln X + \ln Y$$

并且

$$\ln(X^Z) = Z * \ln X$$

对数似然函数是把之前相乘的变成相加的。似然等式的两边都取自然对数给出了对数似然函数:

$$\ln LF = \sum\{[Y_i * \ln P_i] + [(1 - Y_i) * \ln(1 - P_i)]\}$$

如果似然函数在 0 和 1 之间变化,对数自然函数就会在负无穷到 0 之间变化(1 的自然对数等于 0, 0 的自然对数没有定义,但是当概率趋近于 0 的时候,自然对数会是一个逐渐增加的负数)。似然值越接近于 1,对数的似然函数就越接近于 0,参数就越有可能得出所观察的结果。负值距离 0 越远,参数就越不可能得出所观察的数据。

为了说明对数似然函数,我们同样可以利用之前的例子。在表 3.4 中,它们的和等于 −1.16。同样,对第二组数据进行计算的结果呈现在表 3.5 中。它们的和等于 − 5.626。能够最好地得出观察值的系数组会有一个更高的对数似然

值(例如,较小的负数)。

表 3.4

| $Y_i$ | $P_i$ | $Y_i * \ln P_i$ | $(1-Y_i) * \ln(1-P_i)$ | $[Y_i * \ln P_i] + [(1-Y_i) * \ln(1-P_i)]$ |
|---|---|---|---|---|
| 1 | 0.8 | 1 * −0.223 | 0 * −1.609 | −0.223 |
| 1 | 0.7 | 1 * −0.357 | 0 * −1.204 | −0.357 |
| 0 | 0.3 | 0 * −1.204 | 1 * −0.357 | −0.357 |
| 0 | 0.2 | 0 * −1.609 | 1 * −0.223 | −0.223 |

表 3.5

| $Y_i$ | $P_i$ | $Y_i * \ln P_i$ | $(1-Y_i) * \ln(1-P_i)$ | $[Y_i * \ln P_i] + [(1-Y_i) * \ln(1-P_i)]$ |
|---|---|---|---|---|
| 1 | 0.2 | 1 * −1.609 | 0 * −0.223 | −1.609 |
| 1 | 0.3 | 1 * −1.204 | 0 * −0.357 | −1.204 |
| 0 | 0.7 | 0 * −0.357 | 1 * −1.204 | −1.204 |
| 0 | 0.8 | 0 * −0.223 | 1 * −1.609 | −1.609 |

# 第 3 节 | 估计

最大似然估计的目的就是找出那些系数，使其能够最大化产生所观测到数据的可能性。在实际应用中，也意味着要使对数的似然函数最大化。假设我们可以在一个二元变量模型中进行如下步骤：

1. 为参数选择系数，比如，在一个二元变量模型中选择了 1 和 0.3。

2. 对第一种案例乘以 $X$ 值和它的系数 $b$，把所得乘积与常数项相加得出预测的 logit(如果 $X$ 等于 2，预测的 logit 就等于 $1+2*0.3=1.6$)。

3. 用以下公式把 logit 换成概率：

$$P=1/1+e^{-L}=e^{L}/1+e^{L}$$

对第一个案例，概率等于 $1/1+e^{-1.6}=1/1+0.2019=0.832$。

4. 如果 $Y=1$，那么在这种案例下，对这个对数似然函数的贡献等于：

$$1*\ln 0.832+0*\ln 0.168=-1.839$$

5. 对余下的每一个案例重复步骤 1—4，将对数似然函数所得到的值相加。

6. 对另外一组系数重复以上步骤，与用第一组系数计算出的对数似然函数的值进行比较。

7. 对所有可能的系数进行同样的计算和比较，选出能够得出最大似然函数值的一组系数（比如说，最接近 0 的一组）。

当然，可以通过 logistic 回归程序来更加有效地找出使对数似然函数值最大的一组系数的估计。这个程序最初会找出一个所有的系数 $b$ 等于最小二乘估计值的一个模型。之后，它会通过运算找出新的一组系数，使得对数似然函数值更大并且更吻合所观测的值。它继续重复这种运算或者周期，一直到所得到的对数似然函数的值的增加幅度小到再继续计算已经没有什么意义了（系数的改变也极其细微）。

# 第 4 节 用对数似然值来检测显著性

对数似然值反映的是在给定的参数估计下,结果会是观测到的数据的可能性。可以将其想象为一个对数似然值为 0 的完全饱和的模型。这个值越大(比如,一个负值越接近于 0),参数在得出观测的数据时的表现就越好。尽管它增加了参数的效率,但由于它依赖于样本量、参数的个数以及拟合度,对数似然值没有什么直观的价值。因此我们需要一个标准来评估它的相对大小。

其中一种解释对数似然值的方法涉及比较模型里的值与假设所有的系数 $b$ 等于 0 时的最初值或者基线值。对数似然在基线上来自只包括了一个常数的模型,也相当于对所有的案例使用了平均概率 0.5 作为预测值。基线对数似然值和模型的对数似然值的差距越大,模型的系数(与独立变量一起)在产生所观测到的数据时的表现就越好。这种差距可以被用来做假设检验(以及马上会介绍的拟合度的测量)。就像回归中的 $F$ 检验,模型与基线对数似然值的不同检验了虚无假设 $b_1 = b_2 = \cdots = b_k = 0$。这种检验就是看这些差距是否超过了仅仅是一个随机带来的错误。

检验的步骤如下。计算出基线对数似然值和模型对数似然值的差,然后将这个差乘以 $-2$ 就得出了一个自由度等于自变量个数(不包括常数,但是包括平方项和交互项)的卡方值。结合卡方表,卡方值检验了除了常数,所有的系数等于0的虚无假设。它揭示了对数似然值上的差是否来自所有的自变量是随机的而非一个已设定的显著值(比如,对数似然上的改进并非显著区别于0)。对于一个给定的自由度,卡方值越大,模型相较于基线来说改进就越多,总体中所有自变量的系数就越不可能等于0。

将对数似然值的差乘以$-2$来得出卡方值等于将基线和模型的对数似然的值乘以$-2$,然后计算它们的差来测量模型的改进。随便用哪种方法,结果都是一样的。但是请记住,乘以$-2$使得对数似然的值的方向改变了。

用我们之前列出的四个案例来说明这个显著性测验。在不知道$X$的情况下,基线模型会用$Y$的平均数,例如0.5作为每一个案例的预测概率值。用似然和对数似然函数,将预测概率0.5代入每一个案例,得出了似然值0.062 5和它的对数$-2.773$(基线模型)。然而,如果$X$和$Y$相关,已知$X$的对数似然的值应该更加靠近零并反映出比未知$X$的基线模型更好的模型。假设刚计算出的对数似然值是最大值。它的似然值是0.313 6,它的对数是$-1.160$。表3.6展现的是一个概括了基线和最终模型的比较,说明了在已知$X$时所带来的改进。

表3.6

| 模　型 | $LF$ | $LLF$ | $-2(LLF)$ |
|---|---|---|---|
| 基线模型 | 0.062 5 | $-2.773$ | 5.546 |
| 最终模型 | 0.313 6 | $-1.16$ | 2.320 |
| 差 | $-0.251\ 1$ | $-1.613$ | 3.226 |

尽管这些数字的单位没有什么直观的意义，我们依然可以看出相对于最初的基线模型，最终模型所带来的改进。利用卡方分布进行显著性检测来看 3.226 的变化是否有可能仅仅是随机出现的(在一个已设定好的概率水平下)。在一个自变量的自由度为 1 时，0.05 水平的临界卡方值等于 3.841 4。由于实际上的卡方值没有达到临界值，我们可以得出自变量并没有显著性地影响因变量。当然，这个人工的例子里只有四个案例使得它很难达到任何水平的统计显著性，但是它说明了卡方检验是如何做出的。

让我们来回顾一下，似然值的范围在 0 到 1 之间，它的对数介于负无穷到 0 之间。与最终模型相比，基线模型基本上会呈现出较低的似然值和对数似然值。似然值和对数似然值在最终模型比在基线模型上超出越多，在估计非零参数上做出的改进就越大。对数似然值乘以 $-2$，将范围变为 0 到正无穷，反转了解释的方向，使其与对常见回归的误差项的解释更加一致。由于基线模型在得出所观察的数据时的表现更差，基线模型相较于最终模型的值会更大。同样，这两个模型之间的差异越大，由自变量带来的对模型的改进就越大。

研究者们通常用似然比来表示卡方差或者对数似然值的改进。基线似然值与模型似然值的比的对数等于两者之差。基本原则就是：

$$\ln X - \ln Y = \ln(X/Y)$$

在例子中，似然值 0.062 5 除以 0.313 6 等于 0.199 3。这个值的对数就是 $-1.613$，和两个似然对数的差完全一样。这个

值乘以 $-2$，得出的就是检测模型整体显著性的卡方值。

基线和最终模型差的卡方检验的逻辑也可以应用于任何两个嵌套模型。如果一个全模型包括 $k$ 个(例如 10 个)变量，一个限制模型比全模型少 $h$ 个变量(例如减少 6 个或者 4 个变量)，卡方检验可以验证在限制模型的基础上新加上 $h$ 个变量的系数全部等于零的虚无假设。简单地把限制模型的对数似然值减去全模型的对数似然值之后把这个差乘以 $-2$。这与把限制模型的对数似然值乘以 $-2$ 减去全模型的对数似然值乘以 $-2$ 也一样。无论用哪种方法，结果都等于自由度为 $h$ 的卡方值。对基线模型的检验中，$h$ 包括了全模型的所有变量，代表了一个更为宽泛的嵌套模型的分支情况。

通过比较等式中包含和不包含某个变量，这整个过程可以用来检验单一变量的显著性(比如，$h$ 指的是一个变量)。没有包含这个变量的模型的对数似然值的 $-2$ 倍减去全模型的对数似然值的 $-2$ 倍，为这单个变量提供了一个卡方统计量，这种检验相较上一章涉及的 Wald 检验，在某些情况下能提供更加精确的值(Long，1997：97—98)。

# 第 5 节 | 模型评估

尽管 logistic 回归中的因变量并不像回归中的连续因变量一样变化,最大似然的步骤提供的模型拟合与从最小二乘法得出的模型拟合类似。在显著性检验中,比较一个已知自变量的模型和一个未知自变量的模型是有直观意义的。在普通回归中,全部平方和来自一个未知自变量的模型,误差平方和来自一个已知自变量的模型,它们的差就是自变量所带来的改进。在 logistic 回归中,基线似然对数($L0$)乘以 $-2$ 代表了在自变量参数等于 0 时得出所观测数据的可能性,对应的是普通回归中的全部平方和。模型似然对数($L1$)乘以 $-2$ 代表了在估计的自变量参数下得出所观测数据的可能性,对应的是普通回归中的误差平方和。相对于对数似然基线模型,改进就是由自变量带来的。因此,这两个似然对数定义的是在普通回归中误差减少比的变种[13]:

$$R^2 = [(-2\ln L0) - (-2\ln L1)]/(-2\ln L0)$$

分子表示的是由自变量带来的模型"误差"的减少,分母表示的是没有考虑自变量时的模型"误差"。结果的值就是相对于基线模型来说对数似然的改进。当所有的系数等于 0 的时候这个比等于 0,最大的值接近于 1。[14]然而,这种测量并不代表可解释的方差，因为对数似然函数并不处理定义为标准差平方和的方差。此处的测量和其他类似测量因此是指一个假的可解释的方差或者说一个伪$R^2$。

另外一个测量基于对数似然的值依赖于样本量的事实。因此，由自变量带来的卡方值（或在上一个等式中，分子上对数似然－2倍上的改进）可以作为卡方值与卡方值加上样本量的比例。奥尔德里奇和纳尔逊（Aldrich & Nelson, 1984）将虚假方差表示为：

$$R^2 = \chi^2/(\chi^2 + N)$$

这个等式在大部分情况下不会有最大值1。哈格尔和米切尔（Hagle & Mitchell, 1992）证明最大值依赖于因变量最大的类别中的案例所占的百分比。他们也列出了一系列由因变量最大的类别中的案例所占的百分比定义的乘积，更正了奥尔德里奇和纳尔逊的测量。[15]更正后的测量会有最小值0和最大值1，而且在测量模型的表现时有所帮助。

另外一种测量与在回归中解释的使用方差的方法类似。$R$在回归中等于观察到的和预测的因变量的值之间的相关性，$R^2$等于这个相关性的平方。同样的逻辑也应用于logistic回归：观察到的虚拟因变量和通过logistic回归模型预测出的概率之间的相关性测量了模型的拟合度。尽管logistic回归程序并非程序化地计算$R$和$R^2$，但保存来自logistic回归中预测的概率值可以让计算简单一些。在做完logistic回归后，简单地计算保存的值与最初的虚拟因变量的相关性然后取个平方。

分析者也建议了许多其他的测量方法来评估模型。麦凯尔维和扎沃伊纳(McKelvey & Zavoina, 1975)使用预测的对数的方差来定义一个之前解释的伪方差的测量。考克斯和斯内尔(Cox & Snell, 1989)提出似然值的比例的 $2/n$ 次方来得出另外一种测量。此外,内格尔柯克(Nagelkerke, 1991)建议对考克斯和斯内尔的测量进行调整来确保 1 的最大值。朗(Long, 1997:104—113)回顾了这些测量以及几个其他的在文献中出现的关于 logistic 回归测量的方法。

总的来说,在得出某一个最好的测量这个议题上还没达成一致,而且每一种测量给出的结果都不一样。研究者应该将这些测量作为一个大致的引导,而非把所有的重点放在其中一个上面。实际上,许多已经发表的涉及 logistic 回归的文献都没有给出对伪方差的说明。然而,小心使用的话,介于 0 和 1 之间的拟合测量还是有所帮助的。

另外一个模型评估的方法比较了预测组的全体组员与观察组的全体组员。对每一个案例使用预测的概率,logistic 回归程序也预测了期望组别。根据典型的 0.5 的分界值,这些预测概率在 0.5 以上的案例在因变量上的预测值为 1,而这些预测概率在 0.5 以下的案例在因变量上的预测值为 0。这两个类别根据因变量的观测值和因变量的预测值来重新分类,可以创建一个 2×2 的表。

一个高度准确的模型可以显示出大部分案例在观测值为 0 的时候预测组也是 0,当观测值是 1 的时候预测组也是 1。比较少的案例会落在观测值和预测值不相称的组别里。可以将所有预测正确的案例的百分比作为一个简单的测量。一个完美的模型能够全部预测正确,一个失败的模型即使有 50%的正确预测率,也跟随机预测没有什么区别。正确预测案例的百分比在50到100之间提供了一个对于预测正确率的粗略的认识。

然而，如果因变量的一个类别比另外一个类别多出很多，只要对所有的案例都给出最大的类别，一个模型就完全可以做得比50%要好。一个更加准确的测量不应选择最大类别的因变量的百分比，而是在此之外选出所预测正确案例的百分比(Long, 1997:107—108)。其他的对类别或者定序变量的测量也可以概括预测值和观测值的相关强度。梅纳德(1995)讨论了无数对表格数据(例如 $\Phi$, $\tau$, $\gamma$ 和 $\lambda$)之间关系强度的测量。然而，因为关注点是预测组别而非模型拟合，对于预测准确度的结果与对模型拟合的结构会在本质上有所不同。进一步说，格林(Greene, 1993:652)指明了几个由于使用预测的准确性来测量而导致的不符合逻辑的结果。除了偶尔列出正确预测的百分比外，很少有文章会报告观测结果及其交叉分类的细节。

# 第 6 节 一个实例

表 3.7 显示的是所选择的部分 SPSS 的输出结果，模型是根据教育、年龄、婚姻状况和性别对吸烟的 logistic 回归。表 3.7 的信息涉及模型的拟合问题，在表 2.1 显示的 SPSS 输出的系数的估计之前。

1. 比较基线模型的对数似然值的－2 倍与模型对数似然值的－2 倍。其实数字 0 展示的是最初的或者基线对数似然函数(模型中只有一个常数)。这个对数似然值乘以－2 等于 601.380 73，本身没有什么意义。在步骤一输入四个变量后，评估在重复了四次计算后终止了，因为对数似然的减少低于 0.01%。给定这些估计值，模型的对数似然函数乘以－2 等于 544.830。值的降低或者模型的改进等于 56.551。就如在输出中显示的一样，在自由度为 4 的时候，卡方值达到了显著性的标准水平。

2. 评估模型的拟合。SPSS 输出两个可解释的伪方差。考克斯和斯内尔测量等于 0.105，内格尔柯克调整把测量调高到 0.152。卡方测量的改进比例等于：

$$\text{pseudo } R^2 = (601.38 - 544.83)/601.38 = 56.55/601.38 = 0.094\,0 \text{ 或者 } 9.4\%$$

表 3.7　部分 SPSS logistic 回归结果输出:模型拟合

Dependent variable ... DSMOKE

Beginning block number　0.　Initial log likelihood function
−2 Log likelihood　601.380 73

- Constant is included in the model.

Beginning block number　1.　Method: Enter

Variable(s) entered on step number　1

Education
Age
Marital Status
Sex

Estimation terminated at iteration number 4 because log likelihood decreased by less than 0.01%

| | |
|---|---|
| −2 Log likelihood | 544.830 |
| Goodness of fit | 491.832 |
| Cox & Snell $-R^2$ | 0.105 |
| Nagelkerke $-R^2$ | 0.152 |

| | *Chi-Square* | *df* | *Significance* |
|---|---|---|---|
| Model | 56.551 | 4 | 0.000 0 |
| Block | 56.551 | 4 | 0.000 0 |
| Step | 56.551 | 4 | 0.000 0 |

Classification table for DSMOKE
The cut value is 0.50

| | *Predicted* | | *Percent correct* |
|---|---|---|---|
| | 0 | 1 | |
| Observed | | | |
| 0.00 | 349 | 20 | 94.58 |
| 1.00 | 112 | 29 | 20.57 |
| | | Overall | 74.12 |

奥尔德里奇和纳尔逊的测量基于卡方和样本量：

$$\text{pseudo } R^2 = 56.551/(56.551+510) = 0.0998 = 9.98\%$$

哈格尔和米切尔（1992）所建议的改进利用了不吸烟的模型类别 72%和 1.84 乘数来得出：

$$\text{pseudo } R^2 = 0.0998 * 1.84 = 0.1836$$

与内格尔柯克测量类似，这种调整从根本上增大了系数，平衡了其他测量低估了模型强度的趋向。最后，保存这个预测的概率并把它们与观测到的因变量相关联，给出一个 $R$ 值 0.319 和 $R^2$ 值 0.102 或者 10.2%。

3. 评估预测的准确度。输出的表格通过预测组和观测组分类交互，显示出模型正确预测了 74%的案例。然而，相比于 72%的案例在非吸烟组，74%的数字仅代表微小的改进。

# 第7节 小结

对熟悉普通回归的人来说，logistic回归为常见的统计提供了一个类似变种。logistic回归里的估计并不是去寻找一个能使误差平方和最小的参数，它选择的参数能够最大化所观测到的样本值的可能性。由于把不熟悉的一些表示方法转换成熟悉的方式能够让logistic回归更加易于理解，表3.8概括了普通回归和logistic回归之间的对应关系。

**表3.8**

| 普通回归 | logistic回归 |
| --- | --- |
| 全部平方和 | 基线模型的对数似然值的−2倍 |
| 误差平方和 | 模型对数似然值的−2倍 |
| 回归平方和 | 基线模型的对数似然值的−2倍和模型对数似然值的−2倍的差 |
| 模型 $F$ 检验 | 对数似然差的卡方检验 |
| 可解释的方差 | 可解释的伪方差 |

# 第4章

# Probit 分析

在为一个二分因变量建模时，logistic 回归为了处理上下限的问题，将发生某事件的概率转换成 logits。尽管概率在 0 和 1 之间变化，概率的 logits 或者说比数取对数后就没有这种限制——它们在负无穷和正无穷之间变化。许多其他的转化也可以消除概率的上下限的问题。奥尔德里奇和纳尔逊(1984:33)描述了几个 S 形曲线，显示出在尾部接近 0 和 1 的时候是如何更快和更慢地变化。在 logistic 回归中使用的 logit 转化的优势是比较简单且更加常用。然而，在发表的文献中，另外一个根据正态分布来进行的转换也是非常常见的。

# 第1节 | 另一种将非线性线性化的方式

probit分析将某事件的概率转化成为一个由累积的标准正态分布得出的分数而不是logistic分布里面的比数对数的形式。除此之外，probit分析和logistic回归所给出的结果其实是完全一样的，在二者之间做出选择一般是个人喜好或者可用的电脑程序使然。实际上，许多文献会同时介绍logit和probit分析来强调它们之间的相似性。本章将单独介绍probit分析，但为了强调它们之间的相似性，也会使用之前介绍logistic回归的材料来解释probit分析背后的逻辑。

将一个下限为0和上限为1的概率转化成一个没有限制的分数，probit转化将经历某事件或者具有某特性的概率与累积的标准正态分布而非比数对数相联系。为了解释这种转化，先回顾一下任何涉及标准正态分布的统计教科书表格中包含的信息。这些表格代表的是$z$分数(理论上涵盖负无穷到正无穷，但实际上是从$-3$到3)，是在曲线下所占面积在$z$分数的绝对值与$z$的平均分数0之间的比例。用一些简单的计算，标准正态分布表也指明了从负无穷到$z$分数的面积之比。每一个$z$分数的曲线或之下的面积之比定义了累积标准正态分布。因为这个面积比等于一个标准正态随机变量会等于或者小于$z$分数的概率，在累积标准正态分布上,越大的 $z$ 分数意味着概率就越大。

相反的是,就像任何的 $z$ 分数在累积标准正态分布上定义着一个概率一样,任何在累积标准正态分布上的概率都可以被转化为一个 $z$ 分数。累积的概率越大,对应的 $z$ 分数就越大。进一步说,概率在 0 和 1 之间变化,对应的 $z$ 分数却是在负无穷和正无穷之间变化,这就意味着使用标准正态分布定义的面积可以将有限制的概率转化为无限制的 $z$ 分数。

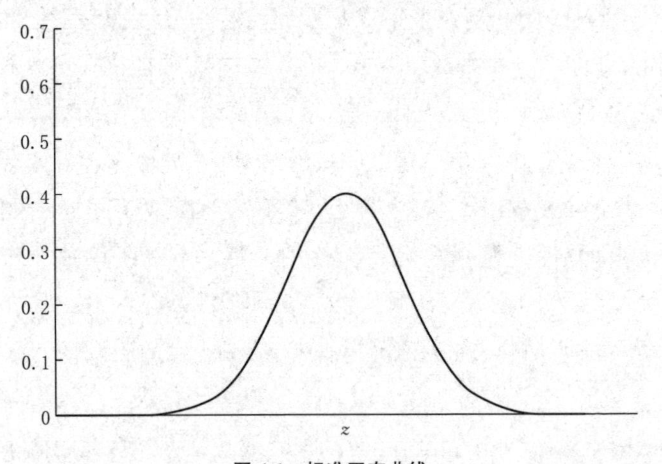


**图 4.1 标准正态曲线**

为了说明这一点,图 4.1 和图 4.2 画出了标准正态分布曲线和累积的标准正态分布曲线。图 4.1 中的标准正态分布曲线对每一个横轴上的 $z$ 分数画出了在竖轴上的高度和密度,近似于每个 $z$ 分数上的概率。此外,每一个 $z$ 分数将曲线清晰地分为两部分——负无穷与 $z$ 分数之间的比例以及 $z$ 分数之外或者说 $z$ 分数与正无穷的比例。如果前一个曲线下的面积等于 $P$,后一个曲线下的面积就等于 $1-P$。请注意,正态曲线在 0 附近下降得很快,在曲线的尾部改变很小。

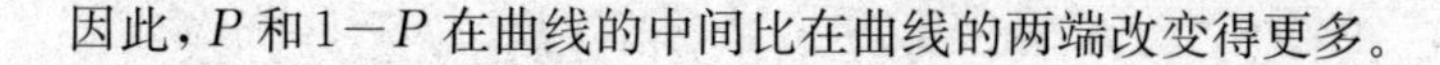
因此，$P$ 和 $1-P$ 在曲线的中间比在曲线的两端改变得更多。

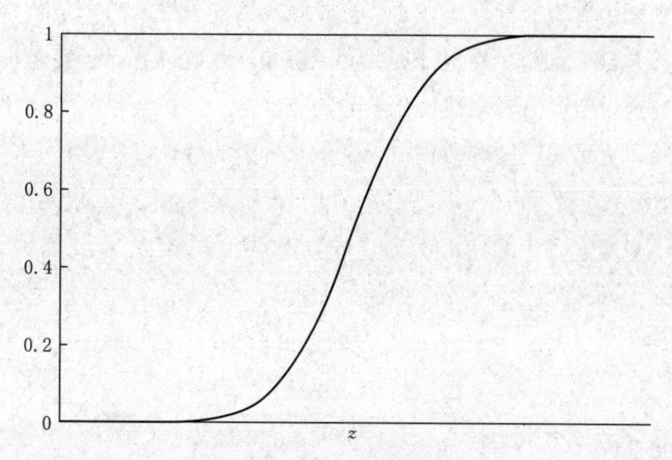


**图 4.2 累积的标准正态曲线**

图4.2中累积的标准正态曲线直接画出了在标准正态分布曲线下等于或者小于每一个 $z$ 分数的面积。当 $z$ 分数越大时，在正态分布曲线以上或以下面积的比例就增加。对于标准正态分布曲线来说，$z$ 分数定义了 $X$ 轴，但是 $Y$ 轴指的是等于或者小于 $z$ 分数的曲线下面积的比例而非正态曲线的高度。以 $z$ 分数为起点画一条直达曲线的直线，再画一条穿过 $Y$ 轴的垂直的线，所得出的就是与每一个 $z$ 分数相关的累积的概率以及在标准正态曲线下等于或者小于那个 $z$ 分数的面积。

累积的标准正态曲线类似 logistic 曲线，只是在横轴上，$z$ 分数代替了比数对数。曲线在 $z$ 分数减少到负无穷的时候无限趋近于0，在 $z$ 分数增大到正无穷的时候无限趋近于1。尽管 probit 曲线比 logit 曲线接近上限或者下限更快，但区别还是很小的。因此，在 logistic 回归中是利用 logistic 曲线将概率转化成了 logits 或者说比数取对数的形式，probit 分析则利用累积的标准正态曲线将概率转化成了相关的 $z$ 分数。尽管自变量与概率并不是线性相关的，但通过 probit 转化，自变量与 $z$ 分数是线性相关的。

为了说明这种转化在 probit 分析中的特性，以下数字将 $z$ 分数与概率一一对应。第一行列出了 $z$ 分数，第二行列出了对应着累积的标准正态分布的相关概率（比方说，正态曲线下面从负无穷到 $z$ 分数的面积）：

| −4 | −3 | −2 | −1 | 0 | 1 | 2 | 3 | 4 |
| --- | --- | --- | --- | --- | --- | --- | --- | --- |
| 0.000 03 | 0.001 35 | 0.022 80 | 0.158 7 | 0.5 | 0.841 3 | 0.977 2 | 0.998 65 | 0.999 97 |

请注意 $z$ 分数与概率非线性的关系：在概率接近最小值 0 或者接近最大值 1 的时候，在 $z$ 分数上同样一个单位的变化，在概率上的变化相比概率在中间值上来说较小。相反的是，如下所示，第一行的概率定义了第二行的 $z$ 分数与概率：

| 0.1 | 0.2 | 0.3 | 0.4 | 0.5 | 0.6 | 0.7 | 0.8 | 0.9 |
| --- | --- | --- | --- | --- | --- | --- | --- | --- |
| −1.282 | −0.842 | −0.524 | −0.253 | 0 | 0.253 | 0.524 | 0.842 | 1.282 |

这些数字也展现了非线性：在概率趋近 0 和 1 时，概率上同样的改变会导致在 $z$ 分数上的较大改变。

这些例子说明 probit 转化和 logit 转化具有同样的特点。它没有上下限，因为正态曲线的域在两端都趋向于无穷；它围绕着中点为 0.5 的概率对称；0.4 和 0.6 的 $z$ 分数除了正负号之外是一样的。此外，在概率趋近 0 和 1 时，概率上同样的改变会导致在 $z$ 分数上的较大改变。这种转化因此将概率在末端延长。简单来说，根据累积标准正态曲线将概率转化成 $z$ 分数，具有将某些非线性关系转化成线性关系必需的特点。

# 第2节 | Probit 分析

如同 logistic 回归，probit 分析依赖于将二分因变量上的回归转化成连续因变量上的回归。给定经历某事件或者具有某特点的概率，预测的 probit 变成了一个由一个或者多个自变量所决定的线性方程的因变量：

$$Z_i = b_0 + b_1 * X_i$$

$Z$ 代表了利用累积标准正态分布将概率转为 $z$ 分数的非线性转化。通过用一个线性方程来预测 $z$ 分数，probit 分析暗含了一个与概率的非线性关系，与曲线的极限比，因变量在接近曲线中点时对概率有更大影响。

在 logistic 回归中，我们可以利用简单的公式来总结将概率变成比数对数的转化以及比数对数变成概率的转化。对于 probit 分析，标准正态分布曲线的复杂公式让这一切难度更大。在 logistic 回归中，决定概率的非线性曲线对应等式是 $P_i = 1/(1 + e^{-L_i})$；对于 probit 分析，非线性的等式让 $P_i$ 是 $Z_i$ 在累积标准正态分布上的函数。这个函数涉及一个整数（大约类似于一个连续变量的合计），这个整数将 $z$ 分数从负无穷到正无穷转化成为一个具有最小值 0 和最大值 1 的概率。根据累积标准正态分布，任何对应 $z$ 分数的累积概率等于：

$$P=\int_{-\infty}^{Z}\frac{1}{\sqrt{2}\pi}\exp-(U^2/2)dU$$

$U$ 是一个均值为 0、标准差为 1 的随机变量。这个等式仅仅说明某事件的概率等于在累积标准正态曲线下面由负无穷到 $Z$ 的面积。$Z$ 的值越大，累积的概率就越大。由于公式的复杂性，通常用电脑做这个计算。[16] 尽管用计算器也可以轻松计算概率转换成对数的数字以及反运算，但它们很少能包含有累积标准正态分布的函数。在任何情况下，请记住这个公式的目标就是将 probit 等式中线性决定的 $Z$ 转换成非线性决定的概率。

由公式得出的粗略近似值来自统计教材里面的标准正态表。对于 $-3$ 到 3 的 $z$ 分数，表格给出了均值 0 到 $z$ 分数绝对值的面积。对于负的 $z$ 分数，从 0.5 中减去这个面积所得出的就是负无穷到 $z$ 分数的面积(例如，将累积标准正态分布的面积定义为等于或者小于 $z$ 分数)。对于正的 $z$ 分数，面积加上 0.5 就是负无穷到 $z$ 分数的面积。例如，一个标准正态分布曲线在 0 和 $z$ 分数 1.5 的部分是 0.433 2。加上 0.5，这个 1.5 的 $z$ 分数定义了在累积标准正态曲线上的概率是 0.933 2。对于 $z$ 分数 $-1.5$，在累积标准正态曲线上的概率等于 $0.5-0.433\,2$，也就是 0.066 8。

对应着在 logistic 回归中的比数对数的公式，$L_i=\ln\left(P_i/(1-P_i)\right)$，probit 分析的公式等同于累积标准正态分布的倒数。如果我们将累积标准正态分布表示为 $\Phi$，上面的等式就是 $P=\Phi(Z)$，表示 $Z$ 的等式等于 $Z=\Phi^{-1}(P)$，$\Phi^{-1}$ 指的就是累积标准正态分布的倒数。尽管它不能用一个简单的公式来表达,但累积标准正态分布的倒数将概率转化成了代表 probit 分析中因变量的线性的 $Z$ 分数。让 probit 作为因变量,估计的系数表示的是累积标准正态分布的倒数上 $z$ 分数个单位的改变而非概率的变化。

最简单的方法是用电脑程序找到累积标准正态分布的倒数,或者说从概率得来的 $z$ 分数[17],但是使用正态表可以说明其中的逻辑。如果概率在 0.5 以下,就从 0.5 中减去这个概率来得出一个未知 $z$ 分数与分布的均值 0 之间的面积。在表中找出这个面积以及与这个面积相应的 $z$ 分数。由于概率低于 0.5, $z$ 分数会是个负数。如果概率超过 0.5,概率减去 0.5,在表中找出面积以及与概率相应的 $z$ 分数。比如,一个 0.4 的概率定义了 $z$ 分数与平均值之间的面积为 0.1。在标准正态表中最接近那个概率的 $z$ 分数是 0.253。因此,−0.253 定义了在累积标准正态分布中的 $z$ 分数。一个 0.6 的概率一样定义了平均值与 $z$ 分数之间的面积为 0.1,但是它对应的 $z$ 分数是 0.253。

除了 logit 和 probit 转换当中的一些相似性,它们两个所得出的系数会有一个随意的常数的区别。微观水平上的数据只有因变量的观察到的值 0 和 1 而非实际观察到的概率,预测的 logit 和 probit 的值可以从负无穷到正无穷。logit 和 probit 的值因此没有一个固有的尺度,软件程序会用一个随意的归一化(normailization)来定一下尺度。probit 分析将误差项的标准差定为 1,而 logit 分析将误差项的标准差大约定为 1.814。

不同的误差方差意味着 logit 和 probit 的系数不能够直

接比较。logit 系数大约是 probit 系数的 1.8 倍。将 logit 系数除以这个值可以让二者的单位具有可比性[18]，但是由于 logistic 和正态曲线有小小的不同，logit 系数和 probit 系数依然会有小小的不同。但是基本上，probit 分析和 logit 分析得出的结果在本质上都是相似的。

# 第3节 | 对系数的解释

## Probit 系数

给定因变量转化后的单位，probit 系数保证了在回归中对系数的常见解释。它们展示了自变量上每一个单位的变化，在概率转化成 $z$ 分数中线性的和可加性的改变（例如，累积标准正态分布倒数）。也许没有比数对数看上去那么直观，累积正态分布的标准单位没有什么解释价值。有必要的话，解释通常由系数的正负号以及 $t$ 比例的值开始。比如在用 1993 GSS 对极刑的支持进行 probit 分析时，教育的系数等于 $-0.048$。教育上每增加一年，支持极刑的概率的 probit 要减少 0.048 个单位。更可用的是，这个系数除以它自身的标准误等于 $-3.76$。

在一个 probit 等式中，作用的相对量大小可以得自简单运算。将 probit 系数乘以自变量的标准差表示的就是自变量的标准差每变化一个单位，导致因变量在累积标准正态转化上的倒数的改变。在极刑的例子中，教育的标准差是 2.984。将这个标准差乘以 probit 系数 $-0.048$ 就说明教育每变化一个标准差，支持极刑就降低 $-0.143$ 个 probit 单位。

另外一个变量测量政治观点(1＝极端开放，7＝极端保守)的 probit 系数是 0.151 和一个标准差 1.359。二者 0.205 的乘积说明其比教育有着更大的影响。

其他标准化 probit 系数的方式与标准化 logistic 回归系数的方法类似。因为将预测的 logit 值的方差和 logistic 误差项的方差相加测量的是因变量在 logistic 回归中的方差，将预测的 probit 的方差与 probit 误差项的方差 1 相加意味着一个特别针对于 probit 的方差。开方给出的是 $Y$ 的标准差，probit 系数乘以 $X$ 的标准差与 $Y$ 的标准差的比，生成的是一个标准化的系数。

与之类似，将预测的 logit 值的方差除以在 logistic 回归中能够解释的方差，为因变量的方差提供了另外一种测量；将预测的 probit 值的方差除以解释的方差，也为 probit 分析中因变量的方差提供了另外一种测量。将方差开方之后，标准化的系数通过简单的乘法可以算出。更多详情请参见第 2 章的讨论。

另外，指数化 probit 系数并不会像它在 logistic 回归中的系数那样得到一个比数的乘法转换。鉴于乘积的比数系数的作用，在 probit 系数中缺乏可以比较的系数也许是 logistic 回归更加受欢迎的原因。对 probit 系数进一步的解释需要我们关注概率。

## 边际效应

偏导数展现的是自变量在经历某事件或者具有某特点的概率上产生的瞬时变化(比方说，是在非线性曲线上的某一个将因变量与概率相联系的特定切点的斜率)。然而，probit 分析的偏导数与在 logistic 回归中的形式有所不同：

$$\partial P/\partial X_k = b_k * f(Z)$$

$f(Z)$ 是正态曲线在点 $Z$ 上的密度或者高度。如下列公式所示，标准正态曲线在 $Z$ 值上的密度与在 $z$ 分数或以下的面积的公式不同：

$$f(Z) = \frac{1}{\sqrt{2\pi}} \exp - (Z^2/2)$$

鉴于正态分布连续性的特点，与每一个 $z$ 分数相应的概率是无限小的。然而，在 $z$ 分数上的改变趋近于 0 时，概率趋近于上面的公式得出的值。上面的公式定义的分布在 $z$ 分数为均值 0 的时候是最大值，在 $z$ 分数距离 0 越远的时候，无论是大于还是小于 0，上式的结果都会逐渐变小。

这个公式说明在正态密度曲线最大(也就是 $Z$ 的值在 0 附近)时，$b_k$ 系数转化成在概率上最大的瞬时效应。在 $Z$ 的值距离 0 很远而且正态分布的密度很低的时候，$b_k$ 系数转化成在概率上较小的瞬时效应。有些书里的统计表里会有正态曲线的密度值，或者用普通计算器算也比算累积标准正态分布的值容易。[19]

让我们再来看一看用 probit 分析对极刑态度做出的判断。因变量的均值 0.775，对应着累积正态曲线上的 $z$ 分数 0.755。$z$ 分数为 0.755 的正态曲线的密度等于 0.300。乘以教育的系数 −0.048，得出教育上每一年的改变在概率上的改变是 −0.014。当然，系数 −0.048 也会因为不同的 $z$ 分数转化成分数不同的概率。在 logistic 回归中，使用一个简单的偏导数无法完全概括一个复杂的非线性和不可加的关系。概率的均值只是讲明了在第 2 章涉及的许多可能的点中的一个，以及这个点转化成的边际效应。

## 对预测概率的影响

偏导数对于虚拟因变量来说没有什么意义，它却可以用来计算由一个虚拟变量定义的一组的预测概率。此外，由于在某连续自变量变化一个单位时，由偏导数定义的切线与在 probit 曲线上产生的实际的改变不同，它有助于计算出对于连续变量来说预测的概率的改变。如同 logistic 回归，probit 分析允许计算特定的自变量值在概率上引起的变化。然而，虚拟的和连续的变量对预测概率带来的影响依赖于对起始点的选择。在所选择的点接近中间时，概率的改变相较于选择接近两端的点来说会较大。

为了计算一个虚拟变量在概率上带来的改变，取因变量的均值作为参照组预测的概率。查表或者用计算机程序将这个值转化成累积正态曲线的 $z$ 分数（也就是在 $z$ 分数下面的面积）。将这个虚拟变量的 probit 系数加到这个 $z$ 分数上将这个新的 $z$ 分数之和转化成一个新的概率。这个新的概率减去之前的均值就是两个组之间预测的概率的不同。

例如，一个性别的虚拟变量（1 是女性）在 probit 等式中支持极刑的系数是 $-0.291$。在概率的均值为 0.775 的时候，预测的 probit $z$ 分数等于 0.755。将 0.755 加上 $-0.291$ 得出 probit $z$ 分数为 0.464，与 0.464 相关的概率是 0.677。0.677 减去概率 0.775 得出 $-0.098$。在因变量的均值上，女性支持极刑的概率比男性低0.098。

对于连续变量来说,计算预测概率也是同样的逻辑。在将概率的均值转化成probit $z$ 分数之后,加上连续变量的系数,然后将probit转换回概率。这两个概率之间的差就是连续变量上每变化一个单位所带来的预测概率的变化。概率的均值0.775的probit是0.755,加上教育的系数$-0.048$得出预测的probit 0.707。与0.707对应的概率是0.760,两个概率之间的差是$-0.015$。

计算边际效应的方式同样也适用于计算预测的概率。单个的系数无法完全描述一个变量与概率之间的关系,一个单位的改变对概率的影响是不同的,依赖于 $z$ 分数起始值以及自变量的值。我们也可以概括在所有自变量的均值上或者自变量其他的值上,自变量的变化对概率带来的影响。

## 第 4 节 | 最大似然估计

与 logistic 回归一样，probit 分析也利用最大似然估计的技术。简要回顾第 3 章里的讨论，最大似然估计是选取能够最大程度得到样本数据中观测值的系数来作为模型估计系数。在一个给定的样本里，似然函数作为一个含有未知的模型参数的函数，取观察到某事件发生或者具有某特性概率的概率($Y=1$)以及没有发生的($Y=0$)的概率。最大化这个似然函数使其得出的模型系数估计最有可能给出样本数据中观察到的模式。

在大部分情况下，probit 分析使用的最大似然估计的过程与 logistic 回归一模一样。似然函数如之前所定义：

$$LF=\prod\{P_i^{Y_i}*(1-P_i)^{1-Y_i}\}$$

似然函数在所选的 probit 系数使得得到观察样本值的可能性最大时，可达到最大值。因为这里使用的是累积标准正态分布而非 logistic 分布中从自变量和估计参数得到因变量的 $P$ 值，这个步骤与 logistic 回归不同。为了让计算更简单一些，程序是让似然数的自然对数函数取最大值而非让似然函数取最大值。由于对数值的结果是负的，因此最大值是最接近 0 的那个值。这个评估过程使用一个重复计算的方法评估,然后一直计算到似然对数函数不能够再改变或者说可以改变的极小。

因此对每一个 probit 模型得出一个似然对数的值,其反映出参数在得出观察到的样本的值时的效用。似然数的对数的负值越大,模型就越差。比较基本的似然对数和模型的似然对数可以得出一个差值分数,这个分数乘以 −2 的值就是可以用来检验所有自变量的系数等于 0 的虚无假设的卡方值。最后,似然值的对数可以计算出几个伪 $R^2$ 系数。同样,这些系数的含义以及对整个模型有效的检测与上一章中讨论的 logistic 回归里面的内容大同小异。

# 第 5 节 | 一个实例

表 4.1 展现的是用 STATA 做的一个 probit 分析，例子是在第 2 章和第 3 章里面吸烟的例子以及 logistic 模型里面的变量。教育的系数说明每多接受一年教育，吸烟在 probit 转换上或者说累积标准正态函数的倒数会下降 0.126 个单位。年龄的系数说明每增加一岁，吸烟下降 0.020 个 probit 单位。两个系数分别除以它们的标准误所得的商（在标记为 $z$ 的列里）都超过了临界值。婚姻的虚拟变量系数说明已婚人士比未婚人士吸烟少 0.245 个 probit 单位，性别的虚拟变量系数说明女性比男性少吸烟 0.044 个 probit 单位。婚姻的系数达到了 0.05 的显著水平而性别的系数则没有。

将教育和年龄的系数乘以它们的标准差可以比较二者相对的影响力。教育上每增加一个标准单位，吸烟的 probit 减少 0.389；年龄增加一个标准单位，吸烟的 probit 降低 0.348。这些半标准化的系数说明教育比年龄的影响要大一点。

完全标准化的系数可以通过计算 probit 的预测值得出。一种测量方法是将 probit 的预测值的方差除以可以解释的方差。这个值等于 2.322 5，标准差等于 1.524。另外一个测量因变量方差的方法是将 probit 预测值的方差加上 probit 分布的方差1。这个值等于1.238 3，标准差是1.113。根据这两种计算，教育的标准化系数分别等于－0.255和－0.350。这二者之间较明显的差异说明计算标准化系数的难度。然而，年龄的标准化系数分别是－0.231和－0.317，二者影响的力度都比教育的标准化系数小。

在probit和logistic回归的结果也反映出某些不同。比较表4.1和表2.1可以看出，logistic回归系数超过了对应的probit系数大约1.5到2.2倍。系数上部分的差异来自对因变量的不同转化。然而除了这个之外，probit分析里大部分的$z$分数比logistic回归里面的数值(或者更精确地说，比Wald统计的平方根)要大一点。婚姻的$z$分数在probit分析里达到了0.05的显著水平，但是在logistic回归中并没有达到。

**表4.1　STATA probit分析结果**

Iteration 0：log likelihood＝－300.690 36
Iteration 1：log likelihood＝－272.320 72
Iteration 2：log likelihood＝－271.876 10
Iteration 3：log likelihood＝－271.875 65

Probit estimates　　Number of obs＝510
　　$\chi(4)=57.63$
　　Prob $>\chi^z$ = 0.000 0
Log likelihood＝－271.875 65　　Pseudo $R^2$ = 0.095 8

| *Smokes* | *Coef* | *Std. Err* | *z* | *P*>\|*z*\| |
|---|---|---|---|---|
| Education | −0.125 869 2 | 0.022 487 3 | −5.597 | 0.000 |
| Age | −0.020 293 6 | 0.003 874 6 | −5.238 | 0.000 |
| Marital | −0.245 298 5 | 0.124 617 1 | −1.968 | 0.049 |
| Sex | 0.044 228 3 | 0.125 409 8 | 0.353 | 0.724 |
| Constant | 2.034 328 | 0.383 141 5 | 5.310 | 0.000 |

在 STATA 的帮助下，计算 probit 模型下对概率造成的影响变得简单。只需改变一个简单的命令，STATA 就能计算连续变量的偏导数以及对虚拟变量来说就是计算概率预测值的差。在默认的情况下，程序是在自变量取均值的时候计算对概率的影响的——这个概率类似但并不等于因变量的平均概率。表 4.2 就是这个程序的输出结果。教育和年龄的边际效应等于 -0.040 和 -0.007；婚姻状况中预测概率的差异和性别中预测概率的差异分别等于 -0.079 和 0.014。

**表 4.2 STATA 概率 probit 分析结果**

Iteration 0：log likelihood=-300.690 36
Iteration 1：log likelihood=-272.320 72
Iteration 2：log likelihood=-271.876 10
Iteration 3：log likelihood=-271.875 65

Probit estimates　　Number of obs=510
$\chi(4)=57.63$
Prob > $\chi^2$ = 0.000 0
Log likelihood=-271.875 65　　Pseudo $R^2$ = 0.095 8

| *Smokes* | *dF/dx* | *Std. Err* | *Z* | *P* > \| *z* \| | *x bar* |
|---|---|---|---|---|---|
| Education | -0.040 334 8 | 0.007 100 8 | -5.60 | 0.000 | 13.143 1 |
| Age | -0.006 503 1 | 0.001 226 4 | -5.24 | 0.000 | 45.960 8 |
| Marital* | -0.079 064 5 | 0.040 257 9 | -1.97 | 0.049 | 0.545 098 |
| Sex* | 0.014 173 | 0.040 059 4 | 0.35 | 0.724 | 0.552 941 |
| Obs. *P* | 0.276 470 6 | | | | |
| Pred. *P* | 0.254 001 | (at *x* bar) | | | |

注：* *dF/dx* 是虚拟变量从 0 到 1 的离散变化。

对整个模型来说，STATA 输出结果显示了一个基线似然对数 -300.96 和一个模型似然对数（在三次重复计算后）-271.88。将二者的差 -28.81 乘以 -2 得出卡方值 57.63。

在自由度为 4 的情况下，它轻松达到了显著水平。

STATA 显示的伪 $R^2$ 0.095 8 是基于在似然对数上的减少做出的（例如，卡方值 57.63 除以基线似然对数的 −2 倍所得的商）。奥尔德里奇-纳尔逊测量等于 57.63 除以 57.63 与样本大小 150 的和之后所得的商，也就是 0.102。将这个值作为最大可能的比例向上调整得出伪 $R^2$ 为 0.188。概率的预测值与因变量的观测值的相关系数等于 0.103。通过这些测量，解释的方差在 probit 分析中略超过了在 logistic 分析中的表现。

# 第 6 节 | 小结

probit 分析是通过累积标准正态分布的转化方式来处理虚拟因变量带来的上限和下限的问题。除了正态曲线对我们来说很熟悉之外，由 probit 系数描述的累积标准正态分布的倒数改变了因变量的单位，因此没有什么直观的意义。此外，相比 logistic 回归来说，probit 分析无法给出比数比一类的计算，probit 分析让计算对概率带来的改变更加困难。在大多数情况下，研究人员更倾向于使用 logistic 回归，但是考虑备选的 probit 分析的逻辑可以加强对分析虚拟因变量的理解。

# 总 结

前几章的目标是解释 logistic 回归中的基本原则（以及 probit 分析）而非提供一个全面细致的描述，也不是要对分析二分因变量的技术进行数学推导。但是，对基本原则的理解能为之后掌握更加复杂和高级的 logistic 回归打好基础。同样，logit 转化的基本逻辑以及二分 logistic 回归中最大似然估计的方法也广泛应用在其他分析类别因变量的统计技术里。例如，无论因变量是二分的还是有三个或者更多类别，对 logistic 回归系数的解释都是一样的。为了强调这个广泛使用的原则，也为了介绍更加高级的内容，本章会简要概括 logistic 回归向更加复杂的因变量的延伸。

一个有三个或者更多类别的名义因变量可以让它自己适用于一系列不同的 logistic 回归。三个类别可能涉及有三个虚拟变量的三个 logistic 回归：第一个类别与其他类别比较，第二个类别与其他类别比较以及第三个类别与其他类别比较。尽管分别对每个 logistic 回归系数进行的解释可以和解释一个 logistic 回归系数一样，但这里至少有三个难点。首先，分别对每一个 logistic 回归等式求一个独立的最大似然估计忽略了等式之间的干扰。一个更有效的方法是对因变量所有的类别求一个最大的整体似然值。其二，独立的

logistic 回归为了比较一个类别与其他类别而将两个或者更多的类别合在一起,从而无法进行两个单个类别之间的精确比较。更加精确的比较涉及类别一与类别二相比,类别一与类别三相比,类别二再与类别三相比。其三,对三个类别使用了三个 logistic 回归(或者四个类别用四个 logistic 回归)包含了冗余的计算。如同两个虚拟变量完全可以代表一个变量的三个类别,两个 logistic 回归等式完全可以代表自变量与一个有三个类别的因变量之间的关系。

多选项或者多类别的 logistic 回归(以及 probit 分析)修正了这些在分析名义因变量中含有三个或者多个类别所面临的困难,但是基本没有改变分析二分因变量时使用的原则。首先,多类别 logistic 回归中预测因变量类别的每一个估计参数值能共同作用,从而最大化得到所观察到的样本数据的可能性。在因变量只有两个类别的时候,多类别 logistic 回归估计被简化成了二分 logistic 回归估计;最大似然的逻辑并没有改变,仅仅是类别增加了。因此,基线和模型的似然对数值、卡方统计以及可解释的伪方差的测量方法,在多类别 logistic 回归中和在二分 logistic 回归中的解释是类似的,只不过多类别 logistic 回归适用于有两个以上类别的因变量模型。

第二,多类别 logistic 回归能够精确地将因变量的两个类别之间的比较独立出来。第三,它通过选择一个参照或者基线类别避免冗余。例如,用四个类别的最后一个类别作为参照,多类别 logistic 回归会先为余下的三个比较估计出一组系数:类别一与类别四,类别二与类别四,类别三与类别四。每一组系数代表了自变量上一个单位的变化对属于每一个组别(编码为 1)相对于参照组的类别(编码为 0)的比数对数造成的影响。这个系数类似于一个二分的 logistic 回归系数,但是比数对数仅仅是针对那两个比较组。

因此,多类别 logistic 回归的计算机程序表示的是每一个自变量的好几组系数。每一个自变量影响的是相对于参照类别的比数对数。在多类别 logistic 回归里,因变量类别里所有的比较组合产生的冗余可以评估出一个没有冗余比较的系数。给定某一特定比较后,第 2 章中涉及的比数比、偏导数以及标准系数的使用同样可应用于多项 logistic 回归。

理解二分 logistic 回归中的比数对数、偏导数以及最大似然估计提供了分析和理解更加复杂类别因变量的工具。logistic 回归或者 probit 分析的其他变种涉及序数变量(序数 logistic 分析)、截断或者删节的类别变量(tobit 分析)以及基于时间的类别变量(事件史分析)。更加高级的处理(例如,Agresti,1996;Allison,1984;Liao,1994;Long,1997)深度剖析了这些更加复杂的技术。同样,二分 logistic 回归当中使用的原则广泛适用于我们之前简单讨论的内容。

# 附　录

研究人员经常发现，区分某个变量上的绝对和相对改变是很有必要的。绝对改变忽略了开始发生改变的起始水平；在绝对的情况下，收入可以增加 1 美元、100 美元或者 1 000 美元，但是这个改变在所有的收入水平上都是一样的。相对改变让改变取一个比例或者开始水平的百分比。结果就是，在更高的起始水平上，同样的绝对改变带来的相对改变就较小。再看一看收入的例子，在 1 000 美元中加上 100 美元就是一个 10%的增长[(100/1 000) * 100]，在 100 000 美元上增加了 100 美元就是 0.1%的增长了。这个百分比是一个相对改变而非绝对改变。

相反的是，同样的相对收入改变在更高的水平上意味着更大的绝对改变。因此，1 000 美元水平上 10%的增长就是 100 美元，100 000 美元水平上 10%的增长就是 10 000 美元。考虑到一个变量在理论上的意义，相对的或者说百分比的改变在普通的回归中创建关系模型时也许比绝对的改变更加合适。当然，它在处理涉及 logistic 回归中的比数关系时也是非常重要的。

# 对数的逻辑

对数提供了测量在一个变量上有相对改变的有效方法。对数背后的想法其实就是用乘法而非加法来进行计算。倍数用指数或者幂的形式代表。例如，以 10 为底，指数 1 到 5 为：

$$10^1 = 10$$
$$10^2 = 100$$
$$10^3 = 1\,000$$
$$10^4 = 10\,000$$
$$10^5 = 100\,000$$

幂或者指数每增加 1，所得的值就会增加 10 倍。结果从 10 到 100 再到 1 000 继续下去，后面每个值等于前面的值乘以 10。请注意，幂或者指数上一个单位的改变造成的相对改变是不变的。绝对增加的值是 90，900，9 000 和 90 000。然而，百分比的增长都是 9 * 100 或者 900%［(90/10) * 100 = 900；(900/100) * 100=900］。总体来说，百分比的增长等于底数 10 减去 1 再乘以 100。

为了定义对数，让底等于 $b$，幂或者指数等于 $n$，所表示的结果等于 $X$。$b^n = X$ 。给定 $X$ 的值，对数测量的是为了达到这个 $X$ 值，这个底需要的指数或者幂。测量的是指数公式

里面的幂而非 $X$。因此,我们可以定义 $n$ 就是 $X$ 的对数,$b^{\log X}=X$。

对于底为 10 的 $X$ 的对数(叫做常用对数)等于由 10 得到 $X$ 的指数。10 的二次方等于 100,那么以 10 为底 100 的对数等于 2。以 10 为底 1 000 的对数等于 3,以 10 为底 10 000 的对数等于 4,以此类推。正如之前所讲,对数增加 1 在 $X$ 上就是增加了 10 倍。对数上增加 2,增加的就是 100 倍($10\times10$)。

在这个术语中,$X$ 保持它最初的绝对单位,但是 $X$ 的对数反映的是相对的或者百分比的变化。在 $X$ 变得更大的时候,为了在对数上改变一个单位,它需要改变更多。取对数因此缩小了最初的大于 1 的变量,而且这种缩小在值变大的时候缩小的幅度更大。让我们看一看表 A.1 中的例子。

**表 A.1**

| $X$ | $\log X$ |
|---|---|
| 10 | 1 |
| 100 | 2 |
| 1 000 | 3 |
| 10 000 | 4 |
| 100 000 | 5 |

在 $X$ 增长 10 倍的时候,$X$ 的对数增加 1;在 $X$ 的对数从 1 变到 2 的时候,$X$ 从 10 变到 100 或者增加了 90;在 $X$ 的对数从 2 变到 3 的时候,$X$ 从 100 变到 1 000,或者说增加了 900;在 $X$ 从 3 变到 4 的时候,$X$ 从 1 000 变到了 10 000,或者说增加了 9 000。完全一样的在 $X$ 对数上的改变,变成了在 $X$ 本身相对来说更大的改变,反映出的是百分比改变的实质。

同样的逻辑反推过来,在 $X$ 变得更大的时候,$X$ 上同样

的改变在 $X$ 对数上的改变会变小。$X$ 从 10 到 11 的改变意味着 $X$ 对数上从 1 到 1.04 的改变。$X$ 从 100 到 101 的改变意味着 $X$ 的对数从 2 改变为了 2.004。$X$ 从 1 000 到 1 001 的改变意味着 $X$ 从 3 到 3.000 4。$X$ 每增加 1，$X$ 的对数就会继续增加更小的数值:先是 0.04,之后是 0.004,再往后是 0.000 4。这再一次简单证明为了得到 $X$ 的对数上同样的改变,需要 $X$ 上继续增大的改变。

取对数的另一个好处就是可以拉回偏态分布里的极限值。对于许多变量来说,极值在分布的正向或者说右侧。为了得到一个更加正态的分布,取这个变量的对数可以缩小几个异常值与分布的"大部队"之间的距离。在取了最初变量的对数后,因为转化成了百分比的尺度,特别大的值的影响就会变弱一些。换句话说,转化让所有的案例都设定在了一个比较有意义的规模水平上。它并没有改变案例的顺序:最低的和最高的值取对数后依然是最低的和最高的值,但是由于关注的是百分比的变化而非绝对值的变化,案例之间相对的位置和距离之间的大小改变了。

# 对数的特性

知道了 $X$ 的值，你在计算器上键入 $X$ 和 LOG 后可以找到 $X$ 的常见对数。同样，知道了 $X$ 的常见对数的值，键入对数值和 $10^X$，你可以轻松找到 $X$。给定了 $X$ 的对数值后，为了找出 $X$ 的值，把 log 作为指数那样处理就好了。在计算对数的值和它们的指数的时候，请注意如下特性。

对数只对大于 0 的 $X$ 值有定义。不存在能够让 10（或者其他底）的指数或者幂最后能够得出 0 的实数。对负的值也同样适用：不存在能够让 10（或者其他底）的指数或者幂最后能够得出负数的实数。对数只在数字大于 0 的情况下存在。一个变量如果是 0 或者负值，它的对数对于这些值是没有定义的。这时很有必要加上一个常数，使得所有的值在取对数之前大于 0。

对于在 0 和 1 之间的 $X$ 值，对数是负的。这是依照指数的逻辑得出的。如 $10^{-2}$ 这种指数是负数的值等于 $1/10^2$，1/100 或者 0.01。因此，能够得出 $X$ 的值为 0.01 的 10 的指数只能是 −2。如同 $10^{-3}$ 等于 $1/10^3$，1/1 000 或者 0.001，0.001 的对数等于 −3。在 $X$ 变得越来越小并接近于 0 的时候，$X$ 的对数变成越来越小的负数。在 $X$ 无穷小却还未达到 0 的时候，$X$ 的对数能够成为一个无穷小的负数。当 $X$ 达到 0 的时候,对数没有定义。

当 $X$ 等于 1 的时候,它的对数等于 0,因为任何数的零次方等于 1。当 $X$ 超过 1 的时候,得出的对数是正的。对数也随着 $X$ 向无穷大增长而变得无穷大。

总的来说,$X$ 的值是 1 时,$\log X$ 的值作为 0 定义了一个分界点。$X$ 的值在 0 和 1 之间得出的是一个在 0 和负无穷之间的对数值;$X$ 在 1 和正无穷之间得出的是一个在 0 和正无穷之间的对数值。反之,一个负的对数的绝对值越大(距离 0 越远),最初的值就越接近 0;一个负的对数的绝对值越小(距离 0 越近),最初的值就更接近 1。一个正的对数的值越小,最初的值就越接近 1。

通过画出 $X$ 的常见对数,图 A.1(a)说明了对数函数的特点。图 A.1(b)只画出了 $X$ 到 20 的部分。$X$ 接近 0 的时候,图中显示了负的对数;$X$ 大于 1 的时候,图中显示了正的对数。从图中也可以看出,当 $X$ 增加的时候,$X$ 上每变化一个单位带来的对数上的改变更少。在 $X$ 处于较高水平的时

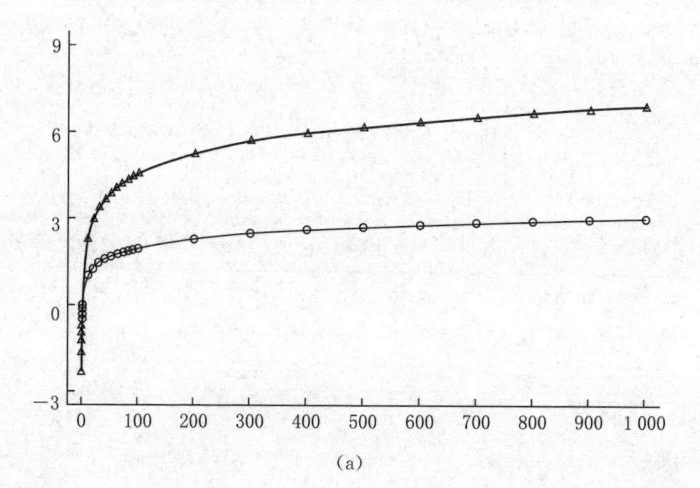

(a)

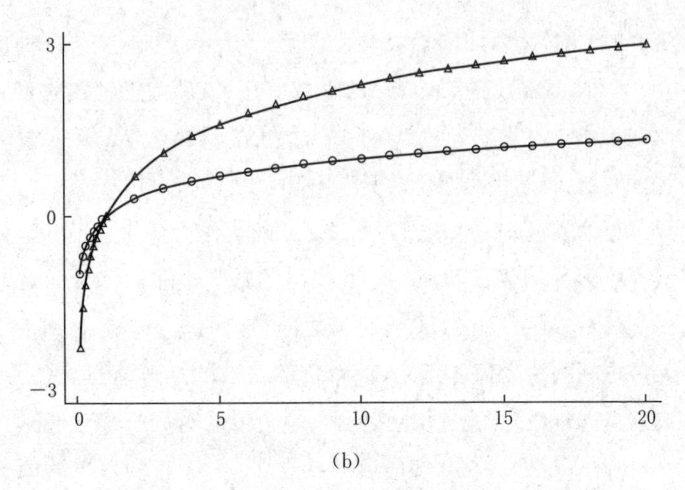


图 A.1(a) 常见对数(空心圆)和自然对数(空心三角形)
(b) 常见对数的下部分(空心圆)和自然对数(空心三角形)

候,曲线上升得很少:在 $X$ 取从 0 附近到 1 000 的值的时候,$X$ 的常见对数只增长了 3。因此,这些图说明对数能够让大于 1 的数字收缩,更大的数比更小的数收缩的幅度更大。

对数代表了一个底数的倍数的事实能够让我们将乘法转变成对数的相加。它有两个特点。两个数的乘积的对数等于这两个数的对数相加:

$$\log(X * Y) = \log X + \log Y$$

例如,(100 * 1 000)的对数等于(log 100) + (log 1 000):因为 100 的对数等于 2,1 000 的对数等于 3,100 000 的对数等于 5,对数相加得出的结果跟乘完之后再取对数的结果一样。第二,两个数的商的对数等于两个数分别取对数再相减:

$$\log(X/Y) = \log X - \log Y$$

因此,(100/1 000)的对数等于(log 100) − (log 1 000)。

另外还有一个特点在操作有对数的公式转化时也很有用。一个幂的对数等于它的指数乘以这个底的对数：

$$\log X^k = k * \log X$$

例如，$\log 10^5$ 等于 100 000 的对数也就是 5；它也等于 $5 * \log 10$，也就是 $5 * 1$。

# 自然对数

除了解释起来非常直观，常见对数相比另外一种对数来说用处就小了。自然对数以 $e$ 做为底，$e$ 大约等于 2.718。这个底有一种数学特性，能让它在计算与复利有关的很多情况以及在解微分和积分的时候都有用。除此以外，对数的逻辑对于以 $e$ 和以 10 为底是一样的。$X$ 的自然对数(以 $\ln X$ 表示)等于为了达到 $X$ 的 $e$ 的指数。自然对数依然是用 $e$ 的倍数来计算而非用加法计算。$e$ 的 1 到 5 的指数为：

$$e^1=2.718 \quad e^2=7.389 \quad e^3=20.086$$
$$e^4=54.598 \quad e^5=148.413$$

指数或者幂每增加 1，结果增加 2.718 的倍数。这个指数并不像以 10 为底那样增长那么快，因为 10 的倍数超过 2.718 的倍数，但是它们依然比间隔为 1 的增长要快。

为了得到自然对数，把这个过程反过来。给定的 $X$ 的值为 2.718，7.389，20.086，54.598 和 148.413，自然对数等于 1，2，3，4 和 5。我们必须让 $e$ 取一次方得到 2.718，取二次方得到 7.389，等等。典型的是，$X$ 是个整数，可是 $X$ 的对数不是。让 $X$ 等于 5，27，62 和 105，随机选出几个数来。对第一个数，2.718 的指数一定得在 1 和 2 之间，因为 5 在 2.718

和 7.389 之间。5 准确的自然对数是 1.609。$X$ 的值 27 在 $e$ 取 3 和 4 作为指数之间。准确的自然对数是 3.296。62 的自然对数是 4.127，105 的自然对数是 4.654。

你可以用计算器得出自然对数，只要输入 $X$ 和 LN 键。你可以发现，在 $X$ 变得更大的时候，$X$ 上一个单位的改变在 $X$ 的对数上会有一个无穷小的改变。如同表 A.2 说明的，对于大于或者等于 1 的 $X$ 的值，X 的对数成比例地收缩了 $X$ 的值。

请注意，对于常见的对数，自然对数对于 0 和以下的值没有定义，$X$ 的对数对于大于 0 且小于 1 的数是负的。如果一个变量的值小于或者等于 0，加上一个常数能够让最小值在取自然对数之前超过 0。

**表 A.2**

| $X$ | $\ln X$ |
|---|---|
| 1 | 0 |
| 2 | 0.693 |
| 3 | 1.099 |
| 101 | 4.615 |
| 102 | 4.625 |
| 103 | 4.635 |

自然对数和常见对数一样，有很直接的百分比的解释：一个对数的单位的变化代表着在这个没有取对数的初值上一个连续的百分比的增长。为了说明这一点，把 $X$ 的对数变回 $X$，我们简单地把 $X$ 的对数作为 $e$ 的指数。比方说，在你的计算器上，输入 0，再输入 $e^x$。结果等于 1。表 A.3 是将 $X$ 的对数变成 $X$ 的结果。

**表 A.3**

| $\ln X$ | $X$ |
|---|---|
| 0 | 1 |
| 1 | 2.718 |
| 2 | 7.389 |
| 3 | 20.086 |
| 4 | 54.598 |

来看一看 $X$ 的自然对数是如何反映出一个连续的百分比变化或者相对的增加(而不是在单个单位上连续的绝对值的变化),计算在 $X$ 的对数上每一个单位的变化在 $X$ 上百分比的变化。在 $X$ 的对数从 0 变到 1 的时候,$X$ 从 1 变到 2.718。百分比的变化等于:

$$\%\Delta=[(2.718-1)/1]*100=171.8$$

对于 $X$ 的对数从 1 变到 2 和从 2 变到 3 来说,百分比的变化等于:

$$\%\Delta=[(7.389-2.718)/2.718]*100=171.8$$

和

$$\%\Delta=[(20.086-7.389)/7.389]*100=171.8$$

在每一种情况下,百分比的变化等于 (2.718 − 1) 乘以 100。因此,$X$ 的对数每变化 1 个单位,$X$ 改变了一样的百分比(171.8)。增长了 171.8% 与将同样的值乘以 2.718 是一样的。

图 A.1(a)和(b)画出的是 $X$ 的自然对数和 $X$ 的常见对数画出的 $X$ 的值。与 $X$ 的常见对数相比,$X$ 的自然对数的水平更高,因为比起底数为 10 需要的指数,2.718 需要一个更大的指数才能达到 $X$。但从整体来说,两个曲线的形状很相似:在 $X$ 增加的时候,二者改变的速度都有一个下降的趋势。

# 小结

对数提供了一个用倍数的方式来计算的方法。它们表达的是为了得到一个非零的正数,底数比如 10 或者 $e$ 所需要的指数(幂)。与最初的数字相比,对数的增长是逐渐增快的。当数字等于或者大于 1 时,每向上加 1,它们的对数的增加是小于 1 的。此外,最初的数字越大,在这个数字的基础上增加一个单位所带来的它的对数的增长就越小。所有这些特点都让对数变得很适合测量百分比或者相对的改变,而非一般回归里绝对的改变。它也令经历某个时间或者具有某个特性的比数在逻辑回归里变得有意义。

## 注释

[1] 无意义的预测值绝对不是仅仅限于有二分因变量的情况，极端不合理的预测值同样会弱化因变量是连续变量的模型。所有这类问题保证了人们对这种关系的函数形式的关注。

[2] 代数上，误差项的方差等于：

$$\mathrm{Var}(e_i) = (b_0 + b_1X_i) * [1 - (b_0 + b_1X_i)]$$

如果对于所有 $X$ 值，方差是相等的，它们和 $X$ 就没有关系。然而，等式所展现的正好相反——$X$ 值会影响误差的大小。把 $b_0 + b_1X_i$ 用 $P_i$ 来代替，等式变成了：

$$\mathrm{Var}(e_i) = (P_i) * (1 - P_i)$$

由于 $X$ 影响 $P_i$，它也影响误差的方差。方差在 $P_i = 0.5$ 的时候最大，在 $P_i$ 距离中点越来越远的情况下变得越来越小。

[3] 转化过程：

$$O_i = P_i/(1 - P_i)$$
$$P_i = O_i * (1 - P_i)$$
$$P_i = O_i - O_i * P_i$$
$$P_i + O_i * P_i = O_i$$
$$P_i(1 + O_i) = O_i$$
$$P_i = O_i/(1 + O_i)$$

[4] 转化过程：

$$P_i/(1 - P_i) = e^{b_0 + b_1X_i}$$
$$P_i = e^{b_0 + b_1X_i} * (1 - P_i)$$
$$P_i = 1 * e^{b_0 + b_1X_i} - P_i * (e^{b_0 + b_1X_i})$$
$$P_i + P_i * (e^{b_0 + b_1X_i}) = (e^{b_0 + b_1X_i})$$
$$P_i * (1 + e^{b_0 + b_1X_i}) = (e^{b_0 + b_1X_i})$$
$$P_i = e^{b_0 + b_1X_i}/(1 + e^{b_0 + b_1X_i})$$

[5] 请注意，$e^{-X}$ 等于 $1/e^X$，$e^X$ 等于 $1/e^{-X}$，让 $b_0 + b_1X_i$ 等于 $L_i$，转化过程就是：

$$P_i = e_i/(1 + e^{L_i})$$
$$P_i = (1/e^{-L_i})/[(1 + e^{L_i})/1]$$
$$P_i = (1/e^{-L_i}) * [1/(1 + e^{L_i})]$$
$$P_i = 1/[(e^{-L_i}) * (1 + e^{L_i})]$$

$$P_i = 1/(e^{-L_i} + e^{-L_i} * e^{L_i})$$

因为 $e^X * e^Y$ 等于 $e^{X+Y}$，而且 $e^{X-X}$ 等于 $e^0$ 或者 1，以上等式简化为：

$$P_i = 1/(e^{-L_i} + 1) = 1/1 + e^{-L_i}$$

[6] 另外一个能够鉴明 logistic 回归模型和 logit 转换的方法用了另外一种与本章所述有所不同的阐述。它假设了一个潜在的、未观察到的，或者一个潜在的连续自变量的存在。通过假设这个潜在的、未观察到的连续的值的分布和它与因变量的值 0 和 1 之间的关系（例如，Long，1997：40—51），之后得出了 logistic 回归模型。logistic 回归因此表述了这个潜在连续变量与自变量之间的关系。

[7] 因为它的影响具有乘法特性，实际上比数的改变是与比数的起始点有关的。比数的起始点越高，乘以同样的系数的改变越大。举例来说，比数从 0.14 变到 1.14 提高了 1，比数从 0.28 到 2.28 提高了 2。进一步说，依赖于起始点，比数上同样的倍数改变在概率上的改变也会不同。通过描述这样一个倍数的（或者乘法的）效应，因子变化成就了一个简明的概括测量，但并没有完全解决解释非线性关系的难度。

[8] 实际上，对于接近 0 的 logistic 回归系数，logistic 系数乘以 100 和百分比变化基本没有什么差别。也请注意，尽管 logistic 回归系数在 0 周围对称，因子和比数上的百分比改变却没有这种特性。比数、比数比系数以及百分比变化值是没有上限的，但 0 是它们的下限。为了比较对比数造成的负的和正的影响，可以倒过来看。比如，一个指数化的系数 2.5 或者一个比数 150%[(2.5−1) * 100]的增长的倒数等于 1/2.5 或者 0.4，可以看做降低 60%。

[9] 另外一种计算预测概率的方法涉及将改变集中化（Kaufman，1996）。如图 2.1 所示，在切线切点上的 logistic 曲线的形状与在切线切点下的曲线形状不同。实际上，logistic 曲线只相对中点 $P = 0.5$ 对称。由于不对称，出现了一个不一致的问题：就算是在同样的 $P$ 上评价，$X$ 上每增加一个单位和每减少一个单位所带来的对预测的 $P$ 的改变是不同的。这样的不一致性并非一个主要问题，因为在曲线上，某个特定点上下变化的不同基本不会太大，但是采取另一种计算就可以避免这个问题。为了保证不论 $X$ 是变大还是变小一个单位，对预测概率所带来的变化都是一样的，将改变集中化会是有用的（也不是很困难）。与之前一样，计算 $P$ 的对数，然后 $P$ 的对数加上 logistic 回归系数的一半，$P$ 的对数再减去 logistic 回归系数的一半。计算这两个点的概率，让所得到的差依然作为反映了 $X$ 上每变化一个单位对概率带来的改变，但是这个改变相对 $P$ 是对称的——$X$ 上的增加或者减少在概率上的改变

的绝对值是相等的。在工作年限的例子中，$P$ 的对数等于 1.586，logistic 回归系数等于 0.13。集中化的改变来自计算预测的概率以及它们在 1.586－0.065 和 1.586＋0.065 上的不同。

[10] 鉴于解释虚拟变量标准化的难度，有些人推荐只对连续变量计算标准化的系数。然而，就算对于虚拟变量来说标准差的变化没有什么意义，虚拟变量标准化的系数在比较它们相对连续变量的影响时依然有它的价值。

[11] 以吸烟比例的均值 0.276 为中心，计算出教育和年龄每一个单位的变化对预测的概率带来的变化。对教育而言，logistic 回归系数除以 2 等于－0.104。将这个值加到对数值－0.964 上等于－1.068[－0.964＋(－0.104)]，比数对数的平均数减去这个值等于－0.86[－0.964－(－0.104)]。与对数－1.068 和－0.86 对应的概率等于 0.256 和 0.297。教育对概率的集中的影响因此等于－0.041(0.256－0.297)，与没有集中化的影响相差很小。对年龄来说，logistic 回归系数除以 2 等于－0.017。再加上对数值 0.964 等于－0.981，对数值减去－0.017 等于－0.947。与－0.981 和－0.947 对应的概率等于 0.273 和 0.279。年龄变量集中化的效应对吸烟概率的影响因此是－0.006，同样，与没有集中化的影响相差很小。

[12] 最大似然估计也可以通过把似然函数的倒数设为 0，并解出参数来得出。

[13] 用对数似然的值，公式是 $(\ln L0-\ln L1)/\ln L0$，也就是 $1-(\ln L1/\ln L0)$。

[14] 更准确地说，实际上只有在有问题的情况下，当预测的 logits 突增到无穷大而且最大化的步骤完全无效时，这个值才会达到 1(Green，1993：651)。

[15] 德马里斯(DeMaris，1995：963)展示了如何通过奥尔德里奇和纳尔逊的测量来计算最大可能的值。将最初的测量除以最大值就是更正后的测量。

[16] 在 SPSS 里，COMPUTE 使用 CDF.NORMAL 变化，对每一个数或者变量找出累积标准正态分布的概率。用通常的命令，STATA 使用 NORMPROB 为一个 $z$ 分数找出累积标准正态分布的概率。SAS 用 PROBNORM 命令。

[17] 找出与某个概率对应的 $z$ 分数，SPSS 使用 COMPUTE 以及累分数倒数转化也被称作 IDF.NORMAL(或者较早版本的 PROBIT)。STATA 用 INVNORM，SAS 用 PROBIT 函数。

[18] 格林(Green，1993：640)指明，实际上 logit 系数只比 probit 系数大大约 1.6 倍。

[19] 尽管在 SPSS 命令里不包括计算正态分布的密度的命令，但可以直接用 COMPUTE 命令将公式计算出来。SAS 也要求直接使用公式而非命令，但是 STATA 有一个正态函数可以自动做出计算。

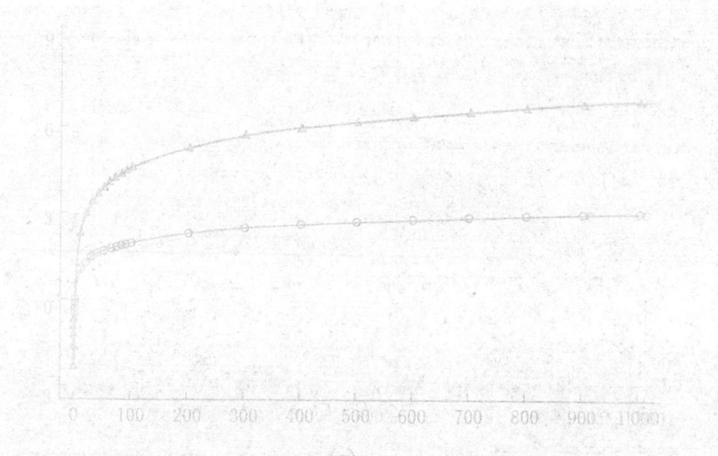

## 参考文献

AGRESTI, A.(1996). *An Introduction to Categorical Data Analysis*. New York: Wiley.

ALDRICH, J.H. & NELSON, F.D.(1984). *Linear, Probability, Logit, and Probit Models*.(Sage University Papers Series on Quantitative Applications in the Social Sciences, series no.07—45). Thousands Oaks, CA: Sage.

ALLISON, P.D.(1984). *Event History Analysis: Regression for Longitudinal Event Data*.(Sage University Papers Series on Quantitative Applications in the Social Sciences, series no.07—046). Thousands Oaks, CA: Sage.

BROWNE, I.(1997). "Explaining the Black-White gap in labor force participation among women heading households." *American Sociological Review*, *62*, 236—252.

COX, D.R. & SNELL, E.J.(1989). *Analysis of Binary Data*(2nd ed.). London: Chapman and Hall.

DEMARIS, A.(1990). "Interpreting logistic regression results: A critical commentary." *Journal of Marriage and the Family*, *52*, 271—277.

DEMARIS, A.(1992). *Logit Modeling: Practical Applications*. (Sage University Papers Series on Quantitative Applications in the Social Sciences, series no.07—86). Thousands Oaks, CA: Sage.

DEMARIS, A.(1993). "Odds versus probabilities in logit equations: A reply to Roncek." *Social Forces*, *71*, 1057—1065.

DEMARIS, A.(1995). "A tutorial in logistic regression." *Journal of Marriage and the Family*, *57*, 956—968.

ELIASON, S.R.(1993). *Maximum Likelihood Estimation: Logic and Practice*.(Sage University Papers Series on Quantitative Applications in the Social Sciences, series no.07—096). Newbury Park, CA: Sage.

GREENE, W.H.(1993). *Econometric Analysis*(2nd ed.). New York: Macmillan.

HAGLE. T.M. & MITCHELL, G.E.II.(1992). "Goodness-of-fit measures for probit and logit." *American Journal of Political Science*, *36*, 762—784.

KAUFMAN, R.L.(1996). "Comparing effects in dichotomous logistic regression: A variety of standardized coefficients." *Social Science Quarterly*, *77*, 90—109.

LIAO, T. F.(1994). *Interpreting Probability Models: Logit, Probit, and Other Generalized Linear Models*. (Sage University Papers Serieson Quantitative Applications in the Social Sciences, Series no. 07—101). Thousands Oaks, CA: Sage.

LONG, J.S.(1997). *Regression Models for Categorical and Limited Dependent Variables: Analysis and Interpretation*. Thousands Oaks, CA: Sage.

MCKELVEY, R.D. & ZAVOINA.W.(1975). "A statistical model for the analysis of ordinal level dependent variables." *Journal of Mathematical Sociology*, *4*, 103—120.

MENARD, S.(1995). *Applied Logistic Regression Analysis*.(Sage University Papers Series on Quantatitative Applications in the Social Sciences, Series no.07—106). Thousands Oaks, CA: Sage.

NAGELKERKE, N.J.D.(1991). "A note on a general definition of the coefficient of determination." *Biometrika*, *78*, 691—692.

PETERSON, T.(1985). "A comment on presenting results from logit and probit models." *American Sociological Review*, *50*, 130—131.

RAFTERY, A.E.(1995). "Bayesian model selection in social research." In (P.V.Marsden, Ed.) *Sociological Methodology 1995* (pp.111—163). London: Tavistock.

RONCEK, D.W.(1993). "When will they ever learn that first derivatives identify the effects of continuous independent variables or 'Officer you can't give me a ticket, I wasn't speeding for an entire hour.'" *Social Forces*, *71*, 1067—1078.

## 译名对照表

| | |
|---|---|
| antilog | 反对数 |
| baseline model | 基线模型 |
| Bayesian Information Criterion (BIC) | Baysian 信息准则 |
| binary model | 二分模型 |
| ceiling | 上限 |
| chi-squared distribution | 卡方分布 |
| chi-squared values | 卡方值 |
| contingency tables | 列联表 |
| degree of freedom (df) | 自由度 |
| dichotomous | 二分的 |
| dummy variable | 虚拟变量 |
| error term | 误差项 |
| exponentiated product | 幂系数 |
| floor | 下限 |
| General Social Survey (GSS) | 综合社会调查 |
| goodness of fit | 拟合度 |
| heteroskedasticity | 异方差 |
| homoscedasticity | 同方差性 |
| intercept | 截距 |
| jittering | 抖动 |
| log likelihood ratio | 对数似然比 |
| log linear model | 对数线性模型 |
| logged odds | 比数对数 |
| logistic regression | logistic 回归 |
| logit transformation | logit 转化 |
| marginal effect | 边际效应 |
| Maximum Likelihood Estimation (MLE) | 最大似然估计 |
| multinomiallogit model | 多类别 logit 模型 |
| nominal variable | 名义变量 |
| nonlinearity | 非线性 |
| nonnormality | 非正态 |

| | |
|---|---|
| normalization | 归一化 |
| null hypothesis | 虚无假设 |
| odds | 比数 |
| odds ratio | 比数比 |
| Ordinary Least Squares(OLS) | 普通最小二乘法 |
| partial derivative | 偏导 |
| probability | 概率 |
| residual | 残差 |
| rule of thumb | 经验性原则 |
| sample | 样本 |
| scatter plot | 散点图 |
| standard deviation | 标准差 |
| standardized coefficient | 标准化系数 |
| $t$ ratio | $t$ 比例 |
| tangent | 切线 |
| test of significance | 显著性检验 |
| Wald statistic | Wald 统计 |
| $z$ scores | $z$ 分数 |
| dependent variable | 因变量 |
| independent variable | 自变量 |

**图书在版编目(CIP)数据**

Logistic 回归入门/(美)弗雷德·C.潘佩尔著；
周穆之译.—上海：格致出版社：上海人民出版社，
2018.5(2020.2 重印)
(格致方法·定量研究系列)
ISBN 978-7-5432-2869-6

Ⅰ.①L… Ⅱ.①弗… ②周… Ⅲ.①线性回归-回归
分析 Ⅳ.①O212.1

中国版本图书馆 CIP 数据核字(2018)第 097623 号

**责任编辑** 贺俊逸

格致方法·定量研究系列
**Logistic 回归入门**
[美]弗雷德·C.潘佩尔 著
周穆之 译
陈 伟 校

**出 版** 格致出版社
上海人民出版社
(200001 上海福建中路 193 号)
**发 行** 上海人民出版社发行中心
**印 刷** 浙江临安曙光印务有限公司
**开 本** 920×1168 1/32
**印 张** 4.75
**字 数** 90,000
**版 次** 2018 年 5 月第 1 版
**印 次** 2020 年 2 月第 2 次印刷
ISBN 978-7-5432-2869-6/C·201
**定 价** 30.00 元

**Logistic Regression: A Primer**
English language editions published by SAGE Publications Inc., A SAGE Publications Company of Thousand Oaks, London, New Delhi, Singapore and Washington D.C., © 2000 by SAGE Publications, Inc.

This simplified Chinese edition for the People's Republic of China is published by arrangement with SAGE Publications, Inc. © SAGE Publications, Inc. & TRUTH & WISDOM PRESS 2018.

本书版权归 SAGE Publications 所有。由 SAGE Publications 授权翻译出版。
上海市版权局著作权合同登记号:图字 09-2013-596

# 格致方法·定量研究系列

1. 社会统计的数学基础
2. 理解回归假设
3. 虚拟变量回归
4. 多元回归中的交互作用
5. 回归诊断简介
6. 现代稳健回归方法
7. 固定效应回归模型
8. 用面板数据做因果分析
9. 多层次模型
10. 分位数回归模型
11. 空间回归模型
12. 删截、选择性样本及截断数据的回归模型
13. 应用 logistic 回归分析（第二版）
14. logit 与 probit：次序模型和多类别模型
15. 定序因变量的 logistic 回归模型
16. 对数线性模型
17. 流动表分析
18. 关联模型
19. 中介作用分析
20. 因子分析：统计方法与应用问题
21. 非递归因果模型
22. 评估不平等
23. 分析复杂调查数据（第二版）
24. 分析重复调查数据
25. 世代分析（第二版）
26. 纵贯研究（第二版）
27. 多元时间序列模型
28. 潜变量增长曲线模型
29. 缺失数据
30. 社会网络分析（第二版）
31. 广义线性模型导论
32. 基于行动者的模型
33. 基于布尔代数的比较法导论
34. 微分方程：一种建模方法
35. 模糊集合理论在社会科学中的应用
36. 图解代数：用系统方法进行数学建模
37. 项目功能差异（第二版）
38. Logistic 回归入门
39. 解释概率模型：Logit、Probit 以及其他广义线性模型
40. 抽样调查方法简介
41. 计算机辅助访问
42. 协方差结构模型：LISREL 导论
43. 非参数回归：平滑散点图
44. 广义线性模型：一种统一的方法
45. Logistic 回归中的交互效应
46. 应用回归导论
47. 档案数据处理：生活经历研究
48. 创新扩散模型
49. 数据分析概论
50. 最大似然估计法：逻辑与实践
51. 指数随机图模型导论
52. 对数线性模型的关联图和多重图
53. 非递归模型：内生性、互反关系与反馈环路
54. 潜类别尺度分析
55. 合并时间序列分析
56. 自助法：一种统计推断的非参数估计法
57. 评分加总量表构建导论
58. 分析制图与地理数据库
59. 应用人口学概论：数据来源与估计技术
60. 多元广义线性模型
61. 时间序列分析：回归技术（第二版）
62. 事件史和生存分析（第二版）
63. 样条回归模型
64. 定序题项回答理论：莫坎量表分析
65. LISREL 方法：多元回归中的交互作用
66. 蒙特卡罗模拟
67. 潜类别分析
68. 内容分析法导论（第二版）
69. 贝叶斯统计推断

## 注释

[1] 无意义的预测值绝对不是仅仅限于有二分因变量的情况，很难不合理的预测值同样会弱化因变量是连续变量的模型。所有这类问题保证了人们对这种关系的函数形式的关注。

[2] 代数上，误差项的方差等于：

$$Var(e_i) = (b_0 + b_1 X_i) * [1 - (b_0 + b_1 X_i)]$$

如果对于所有 $X$ 值，方差是相等的，它们和 $X$ 就没有关系。然而，等式所展现的正好相反——$X$ 值会影响误差的大小。把 $b_0 + b_1 X_i$ 用 $P_i$ 来代替，等式变成了：

$$Var(e_i) = (P_i) * (1 - P_i)$$

由于 $X$ 影响 $P_i$，它也影响误差的方差。方差在 $P_i = 0.5$ 的时候最大，在 $P_i$ 距离中点越来越远的情况下变得越来越小。

[3] 转化过程：

$$O_i = P_i/(1 - P_i)$$
$$P_i = O_i * (1 - P_i)$$
$$P_i = O_i - O_i * P_i$$
$$P_i + O_i * P_i = O_i$$
$$P_i(1 + O_i) = O_i$$
$$P_i = O_i/(1 + O_i)$$

[4] 转化过程：

$$P_i/(1 - P_i) = e^{b_0 + b_1 X_i}$$
$$P_i = e^{b_0 + b_1 X_i} * (1 - P_i)$$
$$P_i = (e^{b_0 + b_1 X_i}) - P_i * (e^{b_0 + b_1 X_i})$$
$$P_i + P_i * (e^{b_0 + b_1 X_i}) = (e^{b_0 + b_1 X_i})$$
$$P_i * (1 + e^{b_0 + b_1 X_i}) = (e^{b_0 + b_1 X_i})$$
$$P_i = e^{b_0 + b_1 X_i}/(1 + e^{b_0 + b_1 X_i})$$

[5] 请注意，$e^{-X}$ 等于 $1/e^{X}$，$e^{X}$ 等于 $1/e^{-X}$。让 $b_0 + b_1 X_i$ 等于 $L_i$，转化过程就是：

$$P_i = e^{L_i}/(1 + e^{L_i})$$
$$P_i = (1/e^{-L_i})/[(1 + e^{L_i})/1]$$
$$P_i = (1/e^{-L_i}) * [1/(1 + e^{L_i})]$$
$$P_i = 1/[(e^{-L_i}) * (1 + e^{L_i})]$$

## 小结

对数提供了一个用倍数的方式来计算的方法。它们表达的是为了得到一个非零的正数，底数比如 10 或者 $e$ 所需要的指数（幂）。与最初的数字相比，对数的增长是逐渐增快的。当数字等于或者大于 1 时，每向上加 1，它们的对数的增加是小于 1 的。此外，最初的数字越大，在这个数字的基础上增加一个单位所带来的它的对数的增长就越小。所有这些特点都让对数变得很适合测量百分比或者相对的改变，而非一般回归里绝对的改变。它也令经历某个时间或者具有某个特性的比数在逻辑回归里变得有意义。